智能制造编程入门与应用系列

图解 C 语言智能制造算法与工业机器人编程入门教程

叶　晖　编著

机 械 工 业 出 版 社

本书围绕智能制造相关领域所必需的计算机语言与算法知识进行介绍，主要包括如何理解计算机C语言的数据结构、程序逻辑、函数和算法，以及如何将C语言中所掌握的面向过程编程的知识点快速迁移运用到ABB工业机器人RAPID语言编程和PLC的ST语言编程中的流程与方法。

本书可让读者在情景式的对话中轻松快速地掌握智能制造所需的计算机语言与算法知识。当读者掌握智能制造IT算法后，可为智能制造相关设备包括高档数控机床、工业机器人、可编程计算机控制器、可编程逻辑控制器、工业视觉和伺服设备等进行程序的编制打下坚实的基础。每节课后配有相应习题，习题答案请联系QQ296447532获取。

本书适合智能制造相关专业、自动化专业、工业机器人方向或工业IT方向的读者学习。

图书在版编目（CIP）数据

图解C语言智能制造算法与工业机器人编程入门教程 /叶晖编著. —北京：机械工业出版社，2020.7（2024.1重印）
（智能制造编程入门与应用系列）
ISBN 978-7-111-65837-5

Ⅰ．①图… Ⅱ．①叶… Ⅲ．①C语言—程序设计—图解 ②工业机器人—程序设计—图解 Ⅳ．①TP312.8-64 ②TP242.2-64

中国版本图书馆CIP数据核字（2020）第100889号

机械工业出版社（北京市百万庄大街22号 邮政编码100037）
策划编辑：周国萍 责任编辑：周国萍
责任校对：张 力 封面设计：马精明
责任印制：常天培
北京机工印刷厂有限公司印刷
2024年1月第1版第4次印刷
260mm×184mm · 11.25印张 · 273千字
标准书号：ISBN 978-7-111-65837-5
定价：69.00元

电话服务 网络服务
客服电话：010-88361066 机 工 官 网：www.cmpbook.com
010-88379833 机 工 官 博：weibo.com/cmp1952
010-68326294 金 书 网：www.golden-book.com
封底无防伪标均为盗版 机工教育服务网：www.cmpedu.com

  智能制造之所以能称为智能，是因为构成现场设备的电气模块组件都具备了通信与可编程能力，如可编程逻辑控制器、可编程计算机控制器、工业机器人、工业视觉、智能传感器，它们通过编程实现强大的逻辑控制和通信能力，从而实现了智能。当然，这样的智能都是机电工程师赋予它们的。越来越多的模块组件都可以使用计算机语言进行编程，这样的好处是显而易见的，比如，机电工程师能够将有限的精力放在智能设备功能的实现上，而不用花费时间去学习不同模块组件的各种编程语言。

  从事智能制造相关工作的工程师很有必要掌握跨专业的计算机语言及算法等基础知识，这样在工作当中才能游刃有余，而这些知识恰恰是机电工程师最缺少的。因此，萌发了将智能制造领域里要用到的计算机语言与算法知识汇集成书，供有需要的读者进行学习。

  在本书中，作者将一个个计算机语言与算法的知识点融入生动有趣的生活情景当中，读者可以放下对计算机语言与算法的畏惧，跟着书中的情景一起学习，实现轻松入门。本书还详细介绍了如何将 C 语言中所掌握的面向过程编程的知识点快速迁移运用到 ABB 工业机器人 RAPID 语言编程和 PLC 的 ST 语言编程中的流程与方法。为便于读者巩固学习内容，每节课后配有相应习题，习题答案请联系 QQ296447532 获取。

  本书特别适合智能制造相关专业、机电自动化专业、工业机器人方向或工业 IT 方向的读者。

  尽管作者主观上想努力追求完美使读者满意，但在书中肯定还会有不尽如人意之处，欢迎读者提出宝贵的意见和建议。

叶　晖

目录

工业自动化技术的发展一日千里。现在只是熟练地掌握工控硬件的使用是远远不够的。硬件的价值要通过软件来体现。

　　工业机器人、PLC、视觉都要通过编程来实现功能。新的伺服设备和变频设备等硬件，也具备了工业互联网通信与二次开发的编程功能。工业自动化技术与计算机编程知识已经发生了跨界融合。

　　想成为一个合格的工业机器人自动化工程师，就要掌握与工业自动化相关的计算机编程语言的知识，才能做好二次开发等工作。

　　下面，让我叶老师带领大家来愉快地学习工业中会用到的计算机编程语言知识吧！

在线讲解、资料
下载请扫这里！　　→

bilibili

腾讯课堂

第一课

什么是计算机编程语言？

从事工业自动化行业，为了掌握最新的自动化技术，都会经常接触英语编写的技术手册。

偶尔也会与国外的工程师打交道，交流用的语言估计也是英语。

为什么英语被这么广泛的使用呢？

在当今世界，人类说着 7000 余种语言。

你知道吗？英语是世界上使用最为通用的语言：
世界上超过 1500000000 人会使用和掌握英语，
世界上超过 80% 的电子储存信息是用英文写的，
世界上超过三分之二的科学家能够阅读英文。

这就是我们从小学一直到大学都要学习英语的原因！

英语的重要性，你们已经很清楚了。

你们可知道，计算机也会说话呢。

计算机通过计算机语言与人类交流。像人类的语言一样，计算机语言的种类也不少，每一种语言都会有特定的使用领域。

我建议先学习 C 语言，因其相对来说比较简单与单纯。自动化设备里很多的二次开发都是以 C 语言的逻辑和思维为基础的。

也就是说，学会了 C 语言，我们就可以与自动化设备交流，因为它们可以明白咱们的命令。

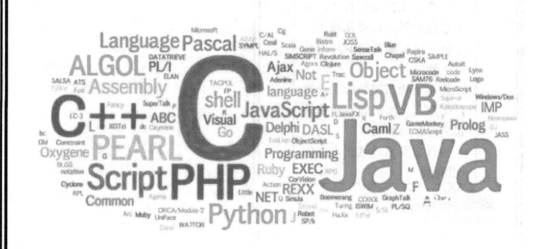

划重点

- 计算机语言是人类与计算机交流的语言。
- 计算机语言种类很多，基于不同的应用领域各有优缺点。
- 不同种类的计算机语言，其背后的逻辑与思维基本都一样，所以初学者先选一种语言入门就可以了，工业机器人自动化行业的工程师建议先学 C 语言。
- 具有逻辑性是计算机语言的特点，不会出现模棱两可的情况（除非你故意为之）。所以，加强逻辑性的思考能力是学好计算机语言的关键。

我们做自动化行业的各位兄弟们一定深有体会：每到设备调试的紧要关头，吃饭常常就顾不上了。回到家里，打开冰箱，有什么就煮什么了。

一般鸡蛋与剩饭，就是冰箱里的常客了。

如果昨天有剩饭，有鸡蛋，就做鸡蛋炒饭，没有鸡蛋的话就只能白饭炒白饭了。

这些关于晚上吃什么的对话，一样可以用计算机语言的逻辑与格式表达出来，你们想看看吗？具体见右边所示。

用人类语言表达：

如果冰箱里有鸡蛋，
就吃蛋炒饭，
否则就吃白饭炒白饭了。

用计算机语言表达：

if（冰箱有鸡蛋）
　　吃蛋炒饭；
else
　　吃白饭炒白饭；

****

英译中
if　如果
else　否则

划重点

- 计算机语言跟人类的语言一样，有固定的表达语法与格式。只有说对了，计算机才能听得懂。
- 计算机语言的语句数量比人类语言少多了，千万不用害怕。
- 计算机语言就是用于对计算机发号施令，只要符合语法，计算机就会听你的指挥了。

5

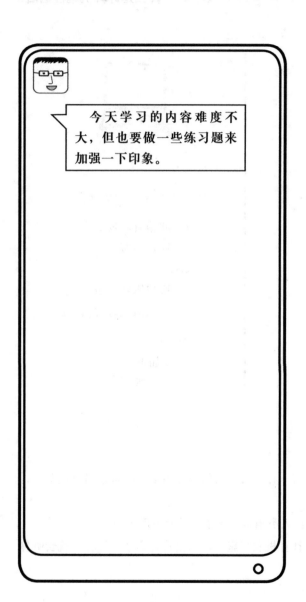

今天学习的内容难度不大，但也要做一些练习题来加强一下印象。

你要做的事情：

1．我们要学习英语的原因是什么？
2．计算机语言是用来做什么的？
3．计算机语言有哪些特点？

第二课

揭开算法的神秘面纱

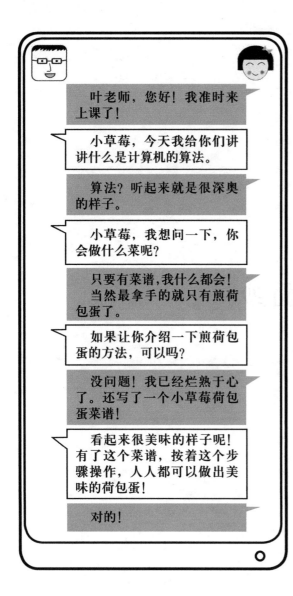

叶老师，您好！我准时来上课了！

小草莓，今天我给你们讲讲什么是计算机的算法。

算法？听起来就是很深奥的样子。

小草莓，我想问一下，你会做什么菜呢？

只要有菜谱，我什么都会！当然最拿手的就只有煎荷包蛋了。

如果让你介绍一下煎荷包蛋的方法，可以吗？

没问题！我已经烂熟于心了。还写了一个小草莓荷包蛋菜谱！

看起来很美味的样子呢！有了这个菜谱，按着这个步骤操作，人人都可以做出美味的荷包蛋！

对的！

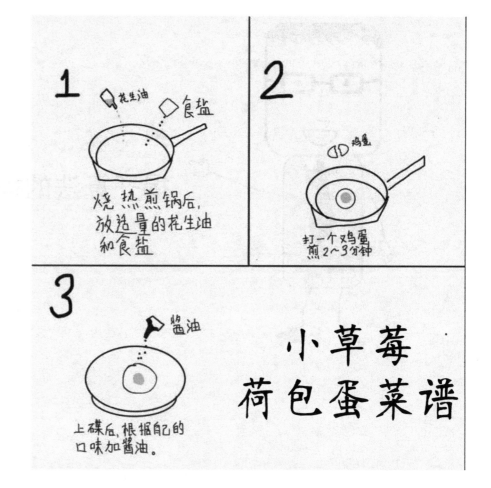

各位同学，我们根据菜谱里的步骤，就能学会煎荷包蛋的方法。

方法与算法，其实是一个意思。不要被一些陌生的词语吓到了。

根据算法的定义，菜谱也算是算法的一种。

在生活中，算法就是方法，如：种花的方法、泡茶的流程、钓鱼的步骤。

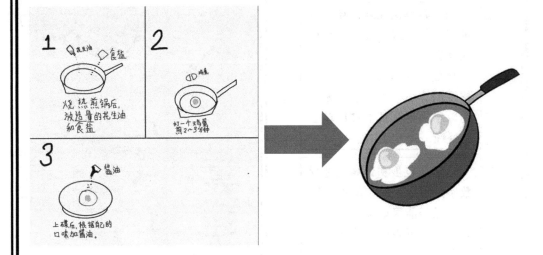

根据小草莓的荷包蛋菜谱的步骤操作，就能做出小草莓风格的荷包蛋。

划重点

● 对特定问题提出的具体解决步骤的归纳与抽象，就是算法。

如果将算法放到计算机里进行执行，这样就是计算机的算法了。

比如，从小到大进行数字排序的算法。当你输入无序的数字到计算机中进行算法的处理，就会得出结果。

从煎荷包蛋和计算机进行数字排序这两个简单的例子，大家已经能很好地理解什么是算法，可为以后的学习打下良好的基础。

输 入

算 法

结 果

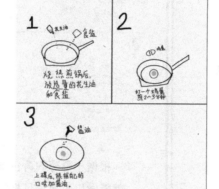

今天学习的内容难度不大，但也要做一些练习题来加强一下印象。

你要做的事情：

1. 什么是算法？
2. 请写出你知道的三种计算机算法。

第三课

教你说计算机听得懂的话

作为一名自动化工程师，有时会为自己开发或调试的设备、生产线编写操作说明书。一本好的操作说明书，能让操作人员快速上手，事半功倍！

操作人员只要按照操作说明书操作就可以。

如果要计算机按照我们的吩咐做事，当然也要将算法写好，也就是在计算机里进行编程。这样，计算机就可以根据咱们编写的程序进行执行了。

在计算机里进行编程，就是我们将算法用计算机语言进行表达，比如 C 语言。

这样计算机就能听懂我们的话，然后按照要求进行工作。

1. 思考要求

2. 制定要求

3. 按要求执行

机器人的操作要求

机器人说明书

计算机工作的要求

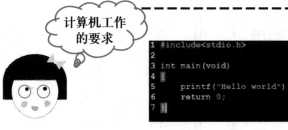

```
1  #include<stdio.h>
2
3  int main(void)
4  {
5      printf("Hello world");
6      return 0;
7  }
```

用对的螺钉旋具
拧对的螺钉

编程语言是与计算机对话的语言。同时，也是一种工具。就好像不同的螺钉旋具对应不同的螺钉一个道理。
不知道大家能明白吗？

解决不同的问题或针对不同的对象，就会使用到不同的编程语言。比如：
C 语言应用领域广泛，数学计算能力超强。
PHP 主要用来开发网站后台程序。
Swift 用于苹果产品的开发。
更多编程语言介绍见右边。

我们通过学习 C 语言的同时，可洞悉计算机的思维方式，更好地与计算机互动。

C++ 包含了 C 语言的所有内容，C 语言是 C++ 的一个部分，它们往往混合在一起使用，所以统称为 C/C++。

Swift 用于苹果产品的开发，包括 Mac、MacBook、iPhone、iPad、iWatch 等。

C# 主要用于 Windows 平台的软件开发，以及少量的网站后台开发。

Go 语言是 2009 年由 Google 发布的一款编程语言，主要用于服务器端的编程。

PHP 是一门专用型的编程语言，主要用来开发网站后台程序。

Java 是一门通用型的编程语言，可以用于网站后台开发、Android 开发、PC 软件开发，近年来又涉足大数据领域（归功于 Hadoop 框架的流行）。

Python 也是一门通用型的编程语言，主要用于系统运维、网站后台开发、数据分析、人工智能、云计算等领域。

今天学习的内容难度不大，但也要做一些练习题来加强一下印象。

你要做的事情：

1. 列出三个你知道的计算机语言。

2. 请告诉我你想从哪种计算机语言开始学习，为什么？

15

第四课

建立起 C 语言的运行环境

我们可以选择最常用的编程软件 Visual Studio 作为 C 语言的编程工具。

今天，大家跟着我按照步骤将 Visual Studio 这个软件安装好。

步骤 1：在 PC 浏览器中打开 https://visualstudio.microsoft.com。

步骤 2：选择 "Community 2019" 版本，进行下载安装。

划重点

● 对于本书的学习，使用 Visual Studio 的 Community 版本就足够了。当然，如果经济条件允许，版本可随意选。

● C++ 包含了 C 的所有内容，所以使用 Visual Studio 2019 中的 C++ 模块进行学习。

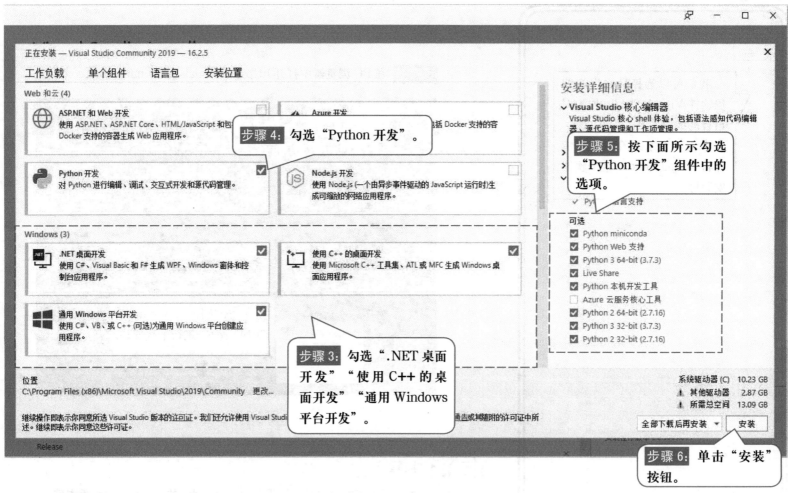

划重点

● 选择"Python 开发"的原因是为下一步学习 Python 做好准备。

● C++ 包含了 C 语言的编程环境，所以这里安装 C++ 相关的模块。

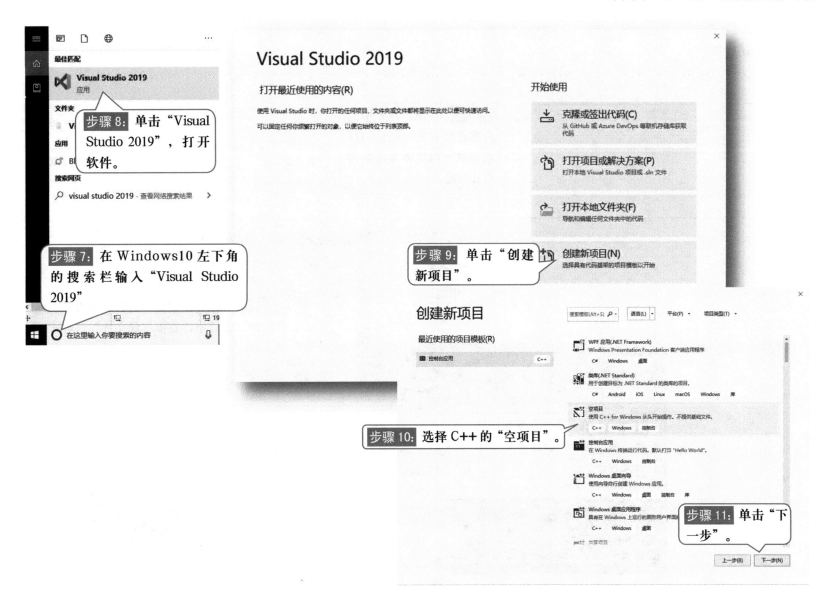

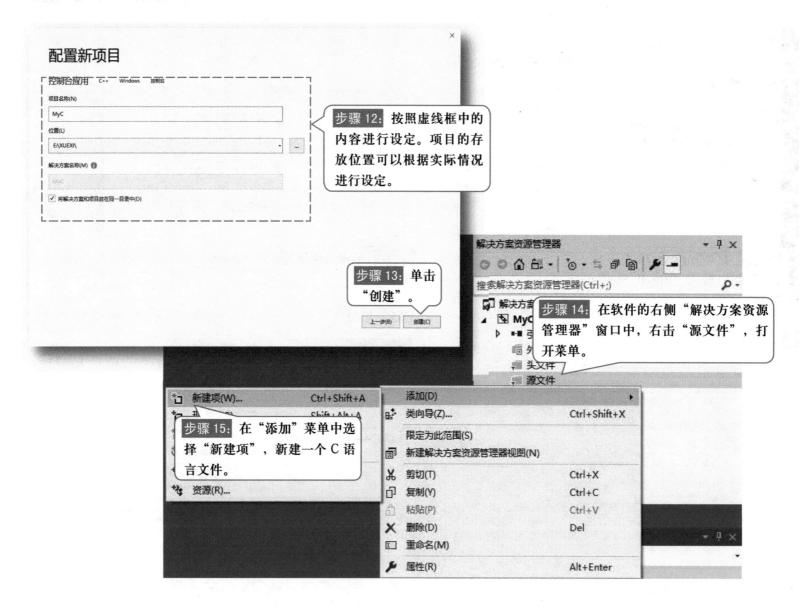

配置新项目

控制台应用 C++ Windows 控制台

项目名称(N)

MyC

位置(L)

E:\XUEXI\

解决方案名称(M)

MyC

☑ 将解决方案和项目放在同一目录中(D)

步骤 12：按照虚线框中的内容进行设定。项目的存放位置可以根据实际情况进行设定。

步骤 13：单击"创建"。

上一步(B)　创建(C)

解决方案资源管理器

搜索解决方案资源管理器(Ctrl+;)

解决方案
MyC
头文件
源文件

步骤 14：在软件的右侧"解决方案资源管理器"窗口中，右击"源文件"，打开菜单。

新建项(W)...	Ctrl+Shift+A
Shift+Alt+A	
资源(R)...	

添加(D)　▶
类向导(Z)...　Ctrl+Shift+X
限定为此范围(S)
新建解决方案资源管理器视图(N)
剪切(T)　Ctrl+X
复制(Y)　Ctrl+C
粘贴(P)　Ctrl+V
删除(D)　Del
重命名(M)
属性(R)　Alt+Enter

步骤 15：在"添加"菜单中选择"新建项"，新建一个 C 语言文件。

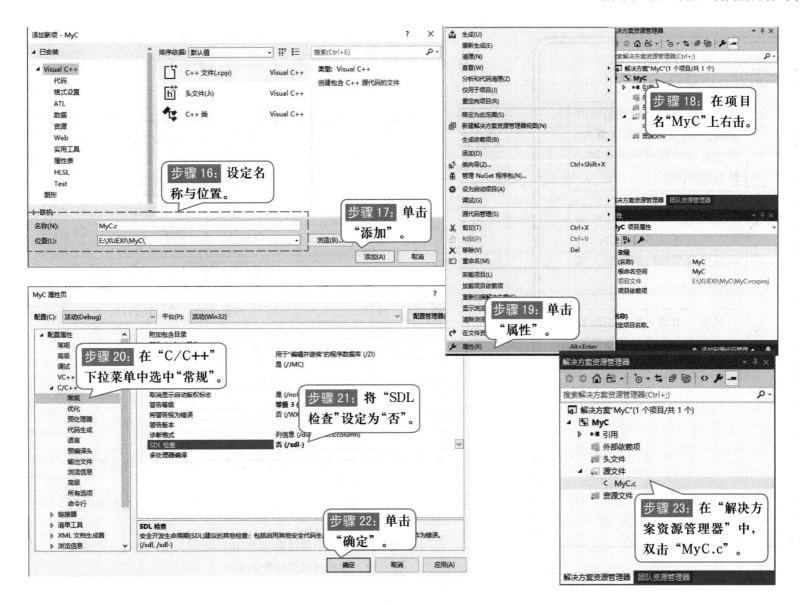

添加新项 - MyC

已安装

▲ Visual C++
　　代码
　　格式设置
　　ATL
　　数据
　　资源
　　Web
　　实用工具
　　属性表
　　HLSL
　　Test
　　图形

▶ 联机

排序依据：默认值

C++ 文件(.cpp)　　　　Visual C++
头文件(.h)　　　　　　Visual C++
C++ 类　　　　　　　　Visual C++

搜索(Ctrl+E)

类型：Visual C++
创建包含 C++ 源代码的文件

步骤 16：设定名称与位置。

名称(N)：　MyC.c
位置(L)：　E:\XUEXI\MyC\

浏览(B)...

步骤 17：单击"添加"。

添加(A)　　取消

生成(U)
重新生成(E)
清理(N)
查看(W)
分析和代码清理(Z)
仅用于项目(J)
重定向项目(R)
限定为此范围(S)
新建解决方案资源管理器视图(N)
生成依赖项(B)
添加(D)
类向导(Z)...　　　　　　　　Ctrl+Shift+X
管理 NuGet 程序包(N)...
设为启动项目(A)
调试(G)
源代码管理(S)
剪切(T)　　　　　　　　　　Ctrl+X
粘贴(P)　　　　　　　　　　Ctrl+V
移除(V)　　　　　　　　　　Del
重命名(M)
卸载项目(L)
加载项目依赖项
重新扫描解决方案(E)
显示浏览
清除浏览
在文件资源管理器中
属性(R)　　　　　　　　　　Alt+Enter

解决方案资源管理器

解决方案"MyC"(1 个项目/共 1 个)
MyC

资源文件

步骤 18：在项目名"MyC"上右击。

解决方案资源管理器　团队资源管理器

MyC 项目属性

杂项
　(名称)　　　　　　　　MyC
　根命名空间　　　　　　MyC
　项目文件　　　　　　　E:\XUEXI\MyC\MyC.vcxproj
　项目依赖项

步骤 19：单击"属性"。

MyC 属性页

配置(C)：活动(Debug)　　平台(P)：活动(Win32)　　　　　　　配置管理器(...

▲ 配置属性
　　常规
　　高级
　　调试
　　VC++
　▲ C/C++
　　　常规
　　　优化
　　　预处理器
　　　代码生成
　　　语言
　　　预编译头
　　　输出文件
　　　浏览信息
　　　高级
　　　所有选项
　　　命令行
　▶ 链接器
　▶ 清单工具
　▶ XML 文档生成器
　▶ 浏览信息

附加包含目录

用于"编辑并继续"的程序数据库 (/ZI)
是 (/JMC)

取消显示启动版权标志　　是 (/nol...
警告等级　　　　　　　　等级 3 (...
将警告视为错误　　　　　否 (/WX...
警告版本
诊断格式　　　　　　　　列信息 (/dia...cs:column)
SDL 检查　　　　　　　　否 (/sdl-)
多处理器编译

步骤 20：在"C/C++"下拉菜单中选中"常规"。

步骤 21：将"SDL 检查"设定为"否"。

SDL 检查
安全开发生命周期(SDL)建议的其他检查：包括启用其他安全代码生...为错误。
(/sdl, /sdl-)

步骤 22：单击"确定"。

确定　　取消　　应用(A)

解决方案资源管理器

搜索解决方案资源管理器(Ctrl+;)

解决方案"MyC"(1 个项目/共 1 个)
MyC
　▶ 引用
　　外部依赖项
　　头文件
　▲ 源文件
　　　C MyC.c
　　资源文件

步骤 23：在"解决方案资源管理器"中，双击"MyC.c"。

解决方案资源管理器　团队资源管理器

右边这个就是程序编写的界面。在这里，只要输入语句，计算机就能知道你的意思，然后开始执行。

别慌张！你看到的这些语句，现在可以不必理会。后面需要应用的时候再给大家详细解释。

从下一节课开始，请跟着我一步步，由浅入深地开始学习这些语句。

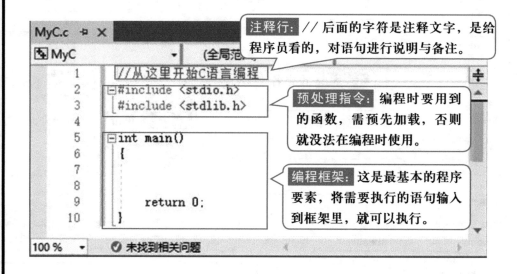

注释行：// 后面的字符是注释文字，是给程序员看的，对语句进行说明与备注。

预处理指令：编程时要用到的函数，需预先加载，否则就没法在编程时使用。

编程框架：这是最基本的程序要素，将需要执行的语句输入到框架里，就可以执行。

```
MyC.c
MyC                        (全局范
1    //从这里开始C语言编程
2    #include <stdio.h>
3    #include <stdlib.h>
4
5    int main()
6    {
7
8
9        return 0;
10   }
```

100 %   ✓ 未找到相关问题

划重点

● 预处理指令 #include 中调用的头文件所包括的功能说明如下：

① stdio.h 包含标准输入输出函数，比如马上要讲到的函数 printf() 和 scanf()。

② stdlib.h 包含常用的系统函数，比如马上要讲到的函数 system()。

● 在源文件中通过命令 #include 对头文件进行编译预处理，编程时就可以使用了。

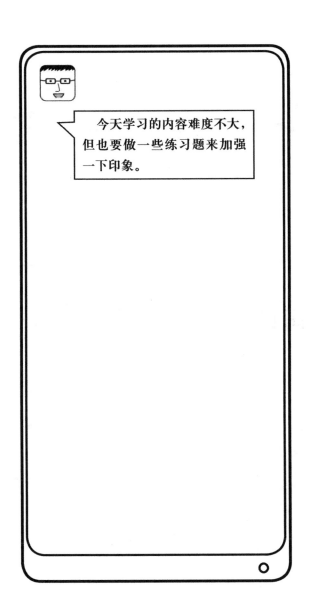

今天学习的内容难度不大，但也要做一些练习题来加强一下印象。

你要做的事情：

1．你打算用哪个编程软件来作为 C 语言的运行环境呢？

2．预处理命令 #include 的作用是什么？

3．简述头文件 stdio.h 和 stdlib.h 包含什么函数？

第五课

让计算机说第一句话

各位同学，还记得小时候是如何开始学说话的吗？肯定是，妈妈教你说一句，你就跟着说。要反复很多次才能掌握。

很多孩子第一句会说的话是"爸爸"。确实是要经过反复练习才能学会。

计算机就很厉害，你用语句编程一次，它就能说"爸爸"。你信吗？

我们的 C 语言编程学习就从这里开始，让计算机说爸爸的拼音：BABA

看起来一点都不复杂，只要输入几个语句，就可以控制计算机喊"BABA"。具体操作见右边。我还对程序里的主函数进行了注释。就是将计算机的语言用中文解释，方便大家的理解。

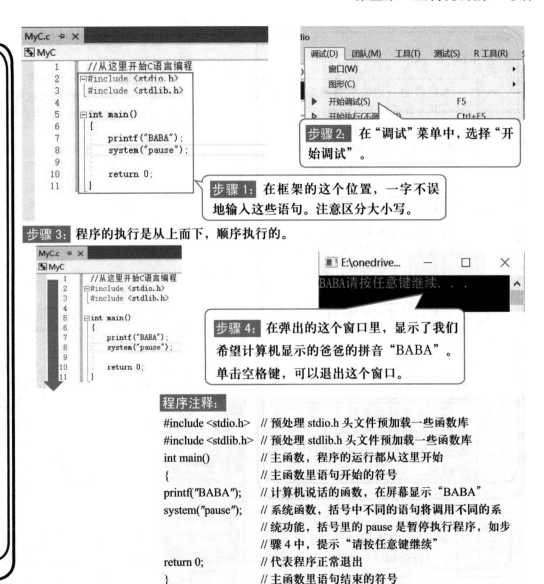

步骤 1: 在框架的这个位置，一字不误地输入这些语句。注意区分大小写。

步骤 2: 在"调试"菜单中，选择"开始调试"。

步骤 3: 程序的执行是从上而下，顺序执行的。

步骤 4: 在弹出的这个窗口里，显示了我们希望计算机显示的爸爸的拼音"BABA"。单击空格键，可以退出这个窗口。

程序注释:

```
#include <stdio.h>    // 预处理 stdio.h 头文件预加载一些函数库
#include <stdlib.h>   // 预处理 stdlib.h 头文件预加载一些函数库
int main()            // 主函数，程序的运行都从这里开始
{                     // 主函数里语句开始的符号
printf("BABA");       // 计算机说话的函数，在屏幕显示"BABA"
system("pause");      // 系统函数，括号中不同的语句将调用不同的系
                      // 统功能，括号里的 pause 是暂停执行程序，如步
                      // 骤 4 中，提示"请按任意键继续"
return 0;             // 代表程序正常退出
}                     // 主函数里语句结束的符号
```

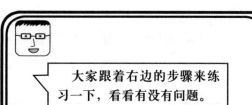

大家跟着右边的步骤来练习一下，看看有没有问题。

大家肯定疑惑：按照步骤1进行输入，怎么感觉不大对劲呢？"system"下面出现了红色的波浪线。

你们的感觉是对的，老师给你们批改作业时也会在有错的地方下面画红色波浪线。

你们跟着步骤继续，我会给你们解释的。

计算机只会读懂和执行符合语法的语句。在执行之前，计算机会进行语法检查，发现错误就会报错，并指出大概错的地方。

这里，我就故意给了一个有问题的语句让你们输入，希望大家能学会如何处理这个情况。

划重点

● "；"在 C 语言的语法里，是一行语句结束的符号。记得在每一行语句结束的时候加上它。

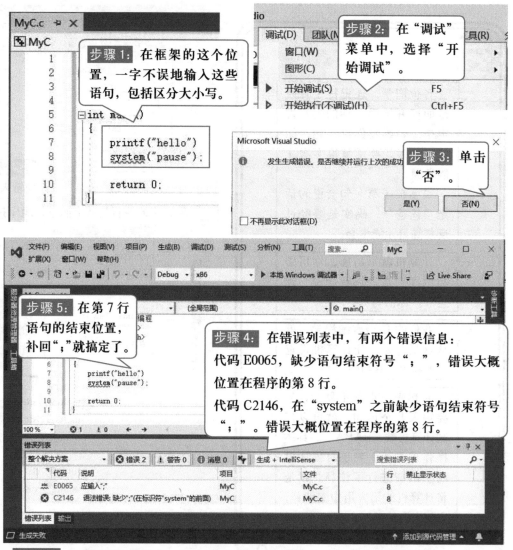

步骤 1： 在框架的这个位置，一字不误地输入这些语句，包括区分大小写。

步骤 2： 在"调试"菜单中，选择"开始调试"。

步骤 3： 单击"否"。

步骤 5： 在第 7 行语句的结束位置，补回"；"就搞定了。

步骤 4： 在错误列表中，有两个错误信息：
代码 E0065，缺少语句结束符号"；"，错误大概位置在程序的第 8 行。
代码 C2146，在"system"之前缺少语句结束符号"；"。错误大概位置在程序的第 8 行。

步骤 6： 在"调试"菜单中，再次选择"开始调试"。看看程序的运行结果吧。

我再考考大家。请按照右边步骤 1～3 操作试试看。

大家根据错误信息的提示，应该都已经发现，我故意在第 7 行少写了双引号，这怎么能逃过大家的火眼金睛！

我们要计算机按照命令进行动作。就要将人类的语言翻译成计算机语言。

如果你翻译错了，计算机当然看不懂。但不要紧，计算机会在错误列表中提示可能错的地方。

计算机编程实际上就是翻译的工作，它将人类的语言翻译成计算机语言。大家这样去理解就可以。

步骤1：在框架的这个位置，一字不误地输入这些语句，包括区分大小写。

步骤2：在"调试"菜单中，选择"开始调试"。

步骤3：单击"否"。

步骤4：根据错误列表中的提示，错误大概出现在第 7 行语句处，并且与 hello 这个语句有关。对比发现，纯文本 hello 缺少了双引号，补全为"hello"，问题解决了。

步骤5：在"调试"菜单中，再次选择"开始调试"。看看程序的运行结果吧。

划重点

● 在输入语句时，要严格遵守计算机语言的语法规则。出现错误后，根据编程软件的错误提示进行排查。

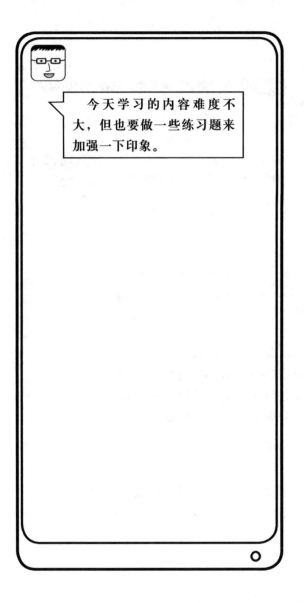

今天学习的内容难度不大，但也要做一些练习题来加强一下印象。

挑战来啦！

你要做的事情：

1. 编程时每个语句的结束符号是什么？
2. 纯文本 hello 要用什么符号括起来？
3. 请注释下面的这个程序？

程序注释：

```
#include <stdio.h>
#include <stdlib.h>
int main()
{
    printf("BABA");
    system("pause");
    return 0;
}
```

第六课

计算机也会口算

大家已经成功让计算机说话了。今天,我会教大家如何让计算机做数学口算题。

首先,我们来看看人类与计算机做口算的过程有什么区别(具体见右边)。

我们是将数字装到脑子里,然后进行口算。计算机里也要有地方放数字,它是用盒子来装的,专业一点的说法是划出一个内存空间存放数据,放进去之后再开始口算。

大家明白了这个原理后,我们用 C 语言写个程序,让计算机进行口算。

小草莓进行口算是这样子的:

步骤1: 将要相加的两个数,记入脑子里。

步骤2: 动脑子,想想两个数加起来是多少。

步骤3: 将答案说出来。

计算机进行口算是这样子的:

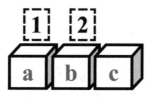 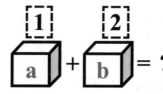 

步骤1: 先准备三个装数字的盒子。将要相加的两个数,分别放入相对应的盒子 a 和 b。

步骤2: 将两个盒子里的数字拿出来相加。

步骤3: 将两个盒子相加得到的数值放到盒子 c。

请大家根据步骤1、2进行操作看看。

这时，大家肯定要问：怎么显示的结果不是"3"，而只是"c"呢？

这里设了一个小问题，我是想让大家通过这个例子，更深入了解一下函数 printf 的用法。

要计算机显示盒子c里面的数字，请按照步骤3进行操作。

这是计算机C语言的语法，只有这样写，才会被正确地识别并执行。

划重点

● 关于函数 printf 的详细应用说明，请看附录。

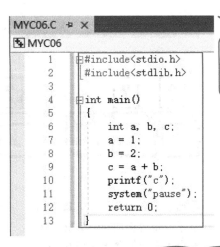

```
MYC06.C  ⚐ ✕
MYC06
1  #include<stdio.h>
2  #include<stdlib.h>
3
4  int main()
5  {
6      int a, b, c;
7      a = 1;
8      b = 2;
9      c = a + b;
10     printf("c");
11     system("pause");
12     return 0;
13  }
```

步骤1：在框架的这个位置，一字不误地输入这些语句，包括区分大小写。

步骤2：在"调试"菜单中，选择"开始调试"。看看程序的运行结果吧。

E:\XUEXI\MYC06\Debug\MYC06.exe

c请按任意键继续. . .

解决方法：将 printf("c") 改为 printf("%d",c)，就是将盒子c里的数字交给 %d，这样，计算机就能将正确的结果显示出来。

printf ("%d", c)

```
MYC06.C  ⚐ ✕
MYC06
1  #include<stdio.h>
2  #include<stdlib.h>
3
4  int main()
5  {
6      int a
7      a = 1
8      b = 2;
9      c = a + b;
10     printf("%d",c);
11     system("pause");
12     return 0;
13  }
```

步骤3：在框架的这个位置，修改成这个样子。

步骤4：在"调试"菜单中，再次选择"开始调试"。看看程序的运行结果吧。
现在显示的是"3"了。

大家可能会问，除了加法之外，其他四则运算计算机也会做吗？

当然，计算机看名字就知道如何做，数学的计算是它的强项，只要将要求告诉计算机，它就会快而准地得出结果。

计算机的四则运算过程如右所示。

计算机的四则运算过程是这样子的：

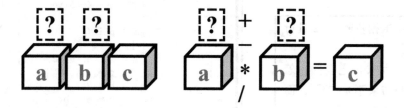

步骤 1： 先准备三个装数字的盒子。将要相加的两个数，分别放入对应的盒子 a 和 b。盒子 c 用来存放结果。

步骤 2： 盒子 a 和盒子 b 里面的数字，根据四则运算符号进行运算，然后将结果放到盒子 c。

划重点

● 在计算机 C 语言里，用 * 代表乘号，用 / 代表除号。

我给大家出几个题目，请将问题转换成 C 语言，然后让计算机执行，看能不能正确地计算出来。

你要做的事情：

1．请将以下的数学题目翻译成计算机 C 语言。
2．调试运行看看，计算机算对了没有。

18+2=   18−2=

18×2=   18÷2=

3+4+5=

第七课

找个装数据的盒子——变量

在饭店，不同的饮料会用不同的杯子盛。

不同的杯子喝不同的饮料，是很有讲究的。比如，用喝啤酒的杯子去装白酒，那么一杯下去，还不马上喝醉了。其他的讲究就留给大家有空的时候再去研究吧。

所以，计算机也要将不同的数据放到不同的盒子，以区分不同类型的数据。常用数据类型说明如右所示。

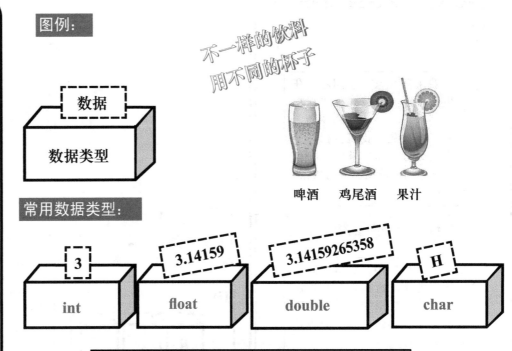

图例：

数据
数据类型

不一样的饮料用不同的杯子

啤酒　鸡尾酒　果汁

常用数据类型：

3
int

3.14159
float

3.14159265358
double

H
char

数据类型	名称	用来放什么数据
int	整数型	不带小数点的整数
float	单精度实数型	带小数点的浮点数
double	双精度实数型	极大和极小带小数点的浮点数
char	字符型	字符

划重点

● 数据类型不仅限于这 4 种，当你编程需要更多的数据类型支持时，再进一步查看相关说明书吧！

我来问大家一个问题，在生活中，如果我、小明和小李都点了三杯一样的啤酒，为了不搞乱，我们会在杯子上做记号。那如果程序中存在多个同一数据类型的数据，应该怎么做呢？

给杯子编号就不会搞乱了！

一个程序中，有多个同一数据类型的数据存在是肯定的。给装数据的盒子编号确实是个好办法。实际上也是这么做的。

盒子的专业称呼是变量。如果你和 IT 工程师聊天时说盒子，可能会没有人能听得懂。

数据应用的流程如右所示。

 划重点

● 变量是用于存放数据盒子的专业叫法。

a   b   c

数据应用的流程：

步骤 1：声明变量

给三个整数型的变量起三个名字，分别是 a、b 和 c。

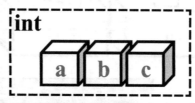

对应的语句：

int a,b,c;

 从这里开始，我们就用变量来代替盒子的称呼，这样听起来就专业很多。

步骤 2：给变量赋值

往变量里放数据，记住不要搞错数据的类型。

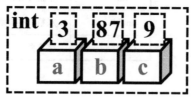

对应的语句：

a = 3;
b = 87;
c = 9;

挑战来啦！

现在我出 4 道题来考考大家。这里要注意的是，题目中包含了三种数据类型应用的情况。

无论学习哪一种编程语言，数据都是必然存在的，只是数据类型可能不一样，其基本原理都是一样的。

一个好的厨师做菜，肯定对食材有深刻的理解，才会做出美味的菜式。

数据就好比做菜的食材，各有各的特性，一个好的工程师在编程之前也要全面了解数据的特性。

后面的课程我会就数据这个内容进行深入浅出地讲解，然后进入下一阶段程序编写的学习。

划重点
● 变量的名字在程序中都是唯一的，并且不能与系统保留使用的名字重名。系统保留使用的名字请看附录。

写出下面 4 个图中对应的程序语句，要求如下：

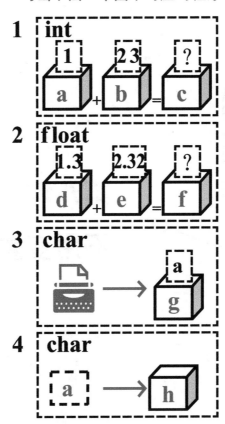

① 根据图写出对应的语句，输入到 Visual Studio 中。
② 使用 printf 函数显示结果。

第八课

不用变量可以吗？

之前教大家进行了简单的编程：让计算机进行四则运算，是直接将算式写成语句，然后执行就会得到结果。

用这么简单的例子，是为了让大家更好地理解语句。

在实际的编程中，就没有这么简单了！

比如，我想对同一个程序重复使用来计算两个不同加数的和。直接将算式写在程序里，就不能达到这个目的。

这时，可以应用变量，将要相加的两个数放进变量后再进行运算。这样就可重复用一个程序进行不同相加数的加法了。

当然，不能为每一次的计算都写一次代码，如果是这样的话，比原来的用笔运算更累。

编程的目的就是要将一个固定的流程规定好。程序可以反复地被调用，形成自动化。那么每一次变化的只是变量，程序就可以是通用化与固定的。

创建一个可通用的加法运算程序步骤如右所示。

创造一个可通用的加法运算程序：

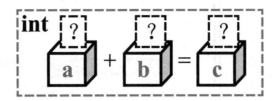

步骤 1： 输入以下的语句到 Visual Studio 中。

对应的语句：

```
int a,b,c;                                        // 声明三个整数型变量 a、b、c
printf( "请在键盘输入第一个相加数，然后回车" );      // 信息提示
scanf("%d", &a);                                  // 这里是接受你的键盘输入并存入到 a
printf( "请在键盘输入第二个相加数，然后回车" );      // 信息提示
scanf("%d", &b);                                  // 这里是接受你的键盘输入并存入到 b
c=a+b;                                            // 变量 a 与变量 b 进行相加，将结果放入变量 c
printf( "计算结果是：%d", c);                       // 信息显示
system("pause");                                  // 系统函数，用于暂停程序执行
```

步骤 2： 在 Visual Studio "调试" 菜单中，再次选择 "开始调试"。

步骤 3： 在运行窗口，根据提示，输入 1+2，然后看看结果吧！

步骤 4： 反复进行步骤 2 和步骤 3 的操作，计算以下的加法看看。

23+24=

21+3456=

3217+38272=

变量的实用意义

● 如果不使用变量来编程，那么处理过程就不通用了。用了变量后，使用一个通用的程序就可以解决同一类型的问题。也就是说，程序是通用化的、固定的，每一次变化的只是变量。

这里有两个挑战给你们：

1）之前都是两个数相加，现在来试试三个数相加的程序编写。

2）试试两个数相乘的程序的编写。这里需重点提醒一下的是，注意定义变量的数据类型。

你要做的事情：

1. 请为以下的算式编个程序。

12+321+32=

33+213+45=

91+321+111=

2. 请为以下的算式编写程序（请注意使用合适的数据类型）

2.345×2=

4.298×3.232=

划重点

● 要根据实际数据来定义变量的数据类型，否则，运算的结果会出错。

为了提高大家的编程水平，是时候给大家介绍一下关于变量的技巧了。

1）定义变量的同时可以给变量赋值，这样可以节省时间。

2）变量永远只会存放你最后一次放进去的数据，之前的都会被自动清除。

3）变量之间可以进行赋值，但必须是同一类型的才可以。

4）两个变量的数据交换，需要多一个变量做暂存之用。

变量技巧的对应语句示例如右所示。

一些关于变量很有用的技巧及示例：

技巧 1： 声明变量时，可以同时进行赋值。

对应的语句示例：

int a=2; // 声明一个整数型变量 a 并赋值 2

技巧 2： 给变量赋值时，变量只会记住最后一次的结果。

对应的语句示例：

int a; // 声明一个整数型变量 a

a=1;

a=2;

a=3;

printf("a 最新赋值结果是：%d", a);

system("pause");

技巧 3： 可以将变量 a 的数据直接代入 b。

对应的语句示例：

int a,b; // 声明一个整数型变量 a 和 b

a=1;

b=2;

b=a;

printf("b 最新赋值结果是：%d", b);

system("pause");

技巧 4： 两个变量进行数据交换时，需声明三个变量，其中一个用于暂存数据。

对应的语句示例：

int a,b,c; // 声明一个整数型变量 a、b 和 c

a=1, b=2;// 给变量赋值

c=a;// 将变量 a 的数据传送给变量 c

a=b;// 将变量 b 的数据传送给变量 a

b=c;// 将变量 c 的数据传送给变量 b

printf("a 最新赋值结果是：%d\n", a);// 跟在 %d 后的 \n 是换行的意思。

printf("b 最新赋值结果是：%d", b);

system("pause");

两个变量数据交换图示：

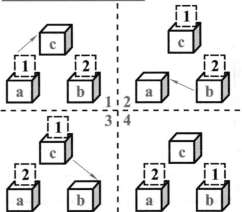

前面我们用简单的英文字母进行变量命名。在实际的应用中，当变量的数量多了以后，就会搞不清楚了。

所以，我们给变量命名时要符合一定的规则，以方便管理。就像搬家打包箱子时，每个箱子上要分类别写好名字标签，就不会乱了。

下面我详细给大家讲解一下变量命令的规则。具体如右所示。

变量命名的规则：

将物品放到对应分类的箱子里，方便搬运与管理。

搬家了！

变量命名规则	对的示范	错的示范
用数据类型的首字母作为变量名的第一个字母，这样可区分不同的数据类型，方便识别	int 整数型：iAge, iHigh; float 浮点型：fLong, fWide	A, b, c, oweir(除非有约定俗成的含义，否则不建议使用)
不能用中文命名变量	iHigh, fLong	i 高度，f 长度
变量名字不能用数字开头或非字母符号	iHigh01, iHigh02, fLong01	01iHigh, 02iHigh, 01fLong, *iHigh, @123,
变量名要用易于理解的单词组成	iHigh(用于存放整数型高度数据)，fAvg(用于存放浮点型平均值数据)	Ioweil, fweoir,coweri(除非有约定俗成的含义，否则不建议使用)
变量名的长度要短而易懂，可以考虑使用缩写。最好不超过 20 个字符	iCCTV	iChinaCentralTelevision (CCTV 央视，缩写大家都明白)

给变量起一个正确的名字示例：

1) 一个整数型变量，用于存放人数的统计：iNum。

2) 三个浮点型变量，用于存放盒子长、宽和高的数据：fLong, fWide, fHigh。

3) 一个字符型变量，用于存放英语考试级别（A、B、C、D、E、F）：cEnglishLevel。

4) 一个浮点型变量，用于存放 2019 年国内生产总值：fGDP。

今天学习的内容难度不大，但也要做一些练习题来加强一下印象。

你要做的事情：

1．使用变量的好处是什么？

2．请总结一下使用变量时的技巧。

3．变量命名的规则有哪些？

第九课

写个简单程序算房租——数组登场

刚毕业参加工作，都会先租房。好的单位会提供宿舍，解决大家住的问题。

叶老师，我的单位有宿舍提供，只要交一点房租。环境不错的，我住在一楼还带一个小花园。我负责整理一楼5个房间的房租水电数据，发给租房的同事确认，十个手指头正数不过来呢。

今天我就帮小草莓写一个小程序，只要让她的同事自己输入房号就能自动显示要交的费用。

在这个小程序里，大家一定发现用到了一些新的知识。接下来我给大家详细讲讲。
具体程序内容见步骤2中的语句。

写一个简单程序帮小草莓自动完成本月租房费用:

步骤1: 先将每个房间的费用列好。

房号	本月费用 / 元
1	321
2	378
3	332
4	392
5	317

步骤2: 在 Visual Studio 中输入以下语句。

```
1
2   #include<stdio.h>
3   #include<stdlib.h>
4
5   int main()
6   {
7       int iFee[6];                              //定义用于存放各房间费用的整数型变量数组
8       int iRoomNum = 0;                         //定义用于存放房间号的整数型变量
9       iFee[0] = 0;                              //没有0号房间，所以数组的第0行给了一个0
10      iFee[1] = 321;                            //1号房间的费用存放到数组的第1行中
11      iFee[2] = 378;                            //2号房间的费用存放到数组的第2行中
12      iFee[3] = 332;                            //3号房间的费用存放到数组的第3行中
13      iFee[4] = 392;                            //4号房间的费用存放到数组的第4行中
14      iFee[5] = 317;                            //5号房间的费用存放到数组的第5行中
15      printf("请输入房间号，然后回车");            //用于提示输入房间号用
16      scanf("%d",&iRoomNum);                    //接受输入房间号
17      printf("您本月的房间费是: %d元。", iFee[iRoomNum]); //显示对应房间的费用
18      system("pause");                          //暂停程序继续执行
19      return 0;
20  }
```

步骤3: 在 Visual Studio "调试"菜单中，再次选择"开始调试"。

步骤4: 在运行窗口，根据提示输入房号，然后看看结果吧!

划重点

- 在程序第 16 行的 %d，表示函数 scanf 接受的是整数型数据，存放到 iRoomNum 中。
- 在程序第 17 行的 %d，表示函数 printf 显示的是整数型数据，来自 iFee[iRoomNum] 变量。
- 关于 % 的用法，请参考更详细的 C 语言教程。

在这个算租房费用的程序里加入了新的数据形式——数组。

还记得更衣室的储物柜吗？同学们都会将衣物放到编了号的储物柜里，以方便保管。

数据也一样，有按照同类型进行集合管理的需要。将同类型变量的集合称作数组。

编写的租房费用清单数据就可以用数组的形式体现在程序语句里。这样做比表格的数据转换成程序中的单个变量要直观多了。而且恰巧房间号与数组的变量编号对应上了，一目了然。

关于数组的使用，大致上与变量类似。但是，还会有所不同，我来给你们详细说说。具体见右边。

数组是什么？

为了方便管理同类型的大量的变量，将变量集合在一起组成一个数组。只有一行的话叫作一维数组。

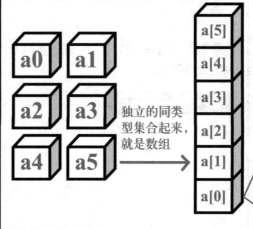

独立的同类型集合起来，就是数组

独立的小房子集合起来，就是大厦

数组的编号问题：C 语言数组的编号是从 0 开始，作为数组第 0 行变量的编号。这个跟我们习惯数数从 1 开始不一样。不要紧，我们可以这样处理，如果数组实际需要 5 个变量，就在实际需要变量数的基础上加 1，数组的变量数声明为 6 个。

代码如下：

```
int a[6];// 数组的变量数比实际需要多 1 个
a[0]=0;// 第 0 行变量赋值为 0，不用就是了
```

1. 数组的声明：

```
int a[6];
```

a 是数组的名字，[ ] 里面的数字 6 代表由 6 个整数型变量组成这个数组。

```
float nAvg[12];
```

nAvg 是数组的名字，[ ] 里面的数字 12 表示由 12 个浮点型变量组成这个数组。数组的名字规则与变量一样。

2. 数组的赋值：

```
int a[6];
a[1]=22;
```

将数组 a 的第 1 行变量赋值为 22。

```
float nAvg[12];
nAvg[2]=3.14159;
```

将数组 nAvg 的第 2 行变量赋值为 3.14159。

3. 数组的好处 1： 声明的时候，更方便。

声明 6 个整数型变量与数组语句的对比：

```
int a0,a1,a2,a3,a4,a5; // 声明 6 个单独的变量
int a[6];// 声明一个数组，集合了 6 个单独的变量
```

4. 数组的好处 2： 同类的数据归为一个数组，编程更灵活。

数组中变量编号也可以用整数型变量赋值的语句：

```
int a[6]; // 声明一个数组，集合了 6 个单独的变量
int i=2;// 声明一个整数型变量，用于表示数组的编号
a[i]=22;// 将 22 赋值给数组 a 编号为 2 的变量。
```

请大家来练习写一个查询计算机成绩的程序。

挑战来啦！

写一个根据学号查询计算机期末考试成绩的小程序。

提示：

1）分析表格的内容，理清头绪。

2）编写对应的程序语句。

3）运行看看效果。

4）总结一下小心得。

学号	计算机
1	98
2	67
3	87.5
4	88
5	82
6	78
7	90
8	100

第十课

功能更强大的二维数组登场

写一个简单程序帮小草莓自动完成本月租房费用：

小草莓，昨天编写的那个程序一定很好地解决了你的烦恼了吧？

同事们通过我写的程序查询自己的费用，都说方便简单。但是，他们想了解费用的分项构成，包括水费、电费、房租分别是多少。这就让我有点头大了。

叶老师，您昨天教的数组，只放了总费用，如何将分项也放到同一个数组中，方便同事们查询呢？

哈哈，书到用时方恨少！今天，我再教你一个程序，看看能不能解决你的问题。具体程序见右边步骤2。

步骤1： 先将每个房间的分项费用列表。

步骤2： 输入以下的语句到 Visual Studio 中。

房号	本月费用/元	水费/元	电费/元	房租/元
1	321	40	81	200
2	378	50	128	200
3	332	42	90	200
4	392	52	140	200
5	317	40	77	200

对应的语句：

```c
#include<stdio.h>
#include<stdlib.h>
int main()
{
    int iFee[6][5];        // 声明用于存放各房间费用的整数型二维数组
    int iRoomNum = 0;      // 声明用于存放房间号的整数型变量
    iFee[1][1] = 321;      //1 号房间的总费用存放到数组的第 1 行第 1 列中
    iFee[1][2] = 40;       //1 号房间的水费存放到数组的第 1 行第 2 列中
    iFee[1][3] = 81;       //1 号房间的电费存放到数组的第 1 行第 3 列中
    iFee[1][4] = 200;      //1 号房间的房租存放到数组的第 1 行第 4 列中
    iFee[2][1] = 378;      //2 号房间的总费用存放到数组的第 2 行第 1 列中
    iFee[2][2] = 50;       //2 号房间的水费存放到数组的第 2 行第 2 列中
    iFee[2][3] = 128;      //2 号房间的电费存放到数组的第 2 行第 3 列中
    iFee[2][4] = 200;      //2 号房间的房租存放到数组的第 2 行第 4 列中
    iFee[3][1] = 332;      //3 号房间的总费用存放到数组的第 3 行第 1 列中
    iFee[3][2] = 42;       //3 号房间的水费存放到数组的第 3 行第 2 列中
    iFee[3][3] = 90;       //3 号房间的电费存放到数组的第 3 行第 3 列中
    iFee[3][4] = 200;      //3 号房间的房租存放到数组的第 3 行第 4 列中
    iFee[4][1] = 392;      //4 号房间的总费用存放到数组的第 4 行第 1 列中
    iFee[4][2] = 52;       //4 号房间的水费存放到数组的第 4 行第 2 列中
    iFee[4][3] = 140;      //4 号房间的电费存放到数组的第 4 行第 3 列中
    iFee[4][4] = 200;      //4 号房间的房租存放到数组的第 4 行第 4 列中
    iFee[5][1] = 317;      //5 号房间的总费用存放到数组的第 5 行第 1 列中
    iFee[5][2] = 40;       //5 号房间的水费存放到数组的第 5 行第 2 列中
    iFee[5][3] = 77;       //5 号房间的电费存放到数组的第 5 行第 3 列中
    iFee[5][4] = 200;      //5 号房间的房租存放到数组的第 5 行第 4 列中
    printf("请输入房间号，然后回车");//用于提示输入学号
    scanf("%d", &iRoomNum); // 接受输入房间号
    printf("您本月房间的总费用是：%d 元。\n", iFee[iRoomNum][1]);// 显示房间总费用
    printf("其中水费是 %d 元，电费是 %d 元，房租是 %d 元。", iFee[iRoomNum][2], iFee[iRoomNum][3], iFee[iRoomNum][4]);
    // 显示各项费用
    system("pause"); // 暂停程序继续执行
    return 0;
}
```

步骤3： 在 Visual Studio "调试" 菜单中，再次选择 "开始调试"。

步骤4： 在运行窗口，根据提示输入房号，然后看看结果吧！

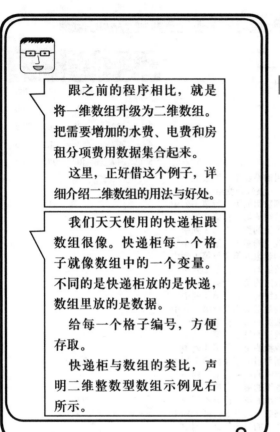

跟之前的程序相比，就是将一维数组升级为二维数组。把需要增加的水费、电费和房租分项费用数据集合起来。

这里，正好借这个例子，详细介绍二维数组的用法与好处。

我们天天使用的快递柜跟数组很像。快递柜每一个格子就像数组中的一个变量。不同的是快递柜放的是快递，数组里放的是数据。

给每一个格子编号，方便存取。

快递柜与数组的类比，声明二维整数型数组示例见右所示。

划重点

● 二维数组也是从第 0 行和第 0 列开始，跟我们理解的从 1 开始不一样。这跟文化有关，就像对于楼层的描述，我们说的一楼，国外称为 Ground。我们说的二楼，国外称为 Floor 1。我们在建立数组时，声明变量数量的时候比实际多 1，就能很好地解决这个问题。

二维数组是什么？

为了方便管理同类型的大量的一维数组，将一维数组集合在一起，组成二维数组。

快递柜与数组的类比：

单列快递柜：

第 1 行
第 2 行
第 3 行
第 4 行

一维数组：

a[0] ── 第 0 行留空

a[1]

a[2] ── 第 0 行和第 0 列留空

a[3]

a[4]

4 行 4 列的快递柜：

第 1 列 第 2 列　　第 3 列 第 4 列

第 1 行
第 2 行
第 3 行
第 4 行

这个是第 1 行、第 4 列的格子

二维数组：5 行 5 列

a[0][0]	a[0][1]	a[0][2]	a[0][3]	a[0][4]
a[1][0]	a[1][1]	a[1][2]	a[1][3]	a[1][4]
a[2][0]	a[2][1]	a[2][2]	a[2][3]	a[2][4]
a[3][0]	a[3][1]	a[3][2]	a[3][3]	a[3][4]
a[4][0]	a[4][1]	a[4][2]	a[4][3]	a[4][4]

第 1 行、第 4 列的数组变量

声明一个 5 行 5 列的二维整数型数组示例：

int a[5][5];

a 是数组的名字，第一个 [ ] 里面的数字 5 代表 5 行，第二个 [ ] 里面的数字 5 代表 5 列。

a[1][4] = 5;

将 5 赋值给二维数组 a 的第一行第四列的变量。

我在月度租房费用表上稍做了一些修改（见右边详解 1）。将表里各行各列的数据与二维数组的各行各列的变量对应起来，方便在编程时转换成计算机能理解的语句。

二维数组确实很实用，将同类型的数据很好地集合起来，在应用与调用时也方便多了。而且，跟表格的行与列概念一一对应，理解起来也没有太大的难度。

二维数组的构成就跟我们平常制作的统计表格很像。通过这个费用的统计程序，就能很好地理解二维数组的使用。

一般，我们最常用的数组是一维数组和二维数组。三维数组及以上用得不多。所以，一般能把二维数组用好就可以了。

二维数组结合实际的详解见右所示。

二维数组结合实际的详解：

详解 1： 费用表格的行与列，二维数组的行与列刚好一一对应。数组是同类型数据的集合，在建立数组前可以将数据以表格的形式画一画，然后再对应到数组的行与列的变量中去。如：

房号	本月费用／元		水费／元		电费／元		房租／元	
	金额	数组变量	金额	数组变量	金额	数组变量	金额	数组变量
1	321	iFee[1][1]	40	iFee[1][2]	81	iFee[1][3]	200	iFee[1][4]
2	378	iFee[2][1]	50	iFee[2][2]	128	iFee[2][3]	200	iFee[2][4]
3	332	iFee[3][1]	42	iFee[3][2]	90	iFee[3][3]	200	iFee[3][4]
4	392	iFee[4][1]	52	iFee[4][2]	140	iFee[4][3]	200	iFee[4][4]
5	317	iFee[5][1]	40	iFee[5][2]	77	iFee[5][3]	200	iFee[5][4]

详解 2： 一维数组 [ ] 中的是变量的行号；二维数组有两个 [ ]，第 1 个代表变量的行号，第 2 个代表列号。[ ] 中可以是数字，也可以是整数型的变量。

应用示范语句：

```
int a=2; // 声明一个整数型变量，数值是 2
int b[6][4]; // 声明一个整数型二维数组 b，由 6 行 4 列共 24 个组成
b[a][3] = 1; // 将 1 赋值给二维数组 b 第 2 行第 3 列的变量。
b[6][a] = 3; // 将 3 赋值给二维数组 b 第 6 行第 2 列的变量。
```

详解 3： 无论是一维数组还是二维数组，一个数组中只能是同一个数据类型。

对的示范语句：

```
int b[6][4];
b[1][3] = 1;
```

错的示范语句：

```
int b[6][4];
b[1][3] = 1;
b[1][3] = w; // 整数型数组，不能赋值字符型数据。
```

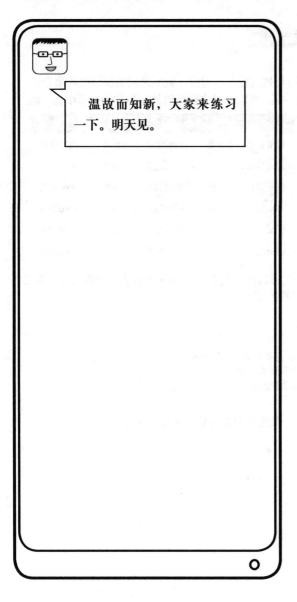

请按照以下的流程练习。

1. 做一个需要用到的二维数组的统计表格，比如成绩统计。
2. 写出对应的程序语句。
3. 运行程序，验证一下结果。

第十一课

学习计算机算法从 if 语句开始

什么是计算机的算法？

算法就是要求计算机进行操作的步骤。算法将输入的数据进行操作，然后产生输出数据。

在掌握了数据变量这些知识后，我们可以开始学习算法了！

一开始的时候，也给大家介绍过算法大概是什么：人们在做事情之前都是先有做法，再去做。计算机的算法相当于人的做法，就是完成一个目的的步骤。

计算机的算法就好比菜谱、操作手册和作业流程。区别是算法是由计算机来实现的。具体如右所示。

输
入
⇩
算
法
⇩
结
果

将需要处理的数据通过键盘输入程序中。

算法：
数字从小到大排序

在计算机里有预先编写好的程序，程序里包含了数据与算法。这里的算法就是将输入的数字进行从小到大的排序。

13579

经过算法的处理，程序就会将从小到大排好的数字在计算机屏幕中显示出来。

也有人这么说：

程序 = 数据 + 算法
算法由程序语句与函数组成。

写一个今天晚上能不能吃上完美蛋炒饭的分析程序 V1.0

一般大学毕业后在外工作，吃跟住是最需要自力更生的。今天，我们就来聊聊吃的。一人吃，要简单方便，营养卫生，第一时间想到的就是自己做蛋炒饭了。下班回家后，打开冰箱，有什么食材决定了晚餐蛋炒饭的样子。请按照右边示范程序自己试着写一个。

在这个程序里，用到了一个条件控制语句 if：如果什么是真的话，就去做什么。利用 if 就可以根据你输入冰箱里鸡蛋的数量来判断是否可以做蛋炒饭。这个条件，就好像是非判断题，答案不是对，就是错。

通过这个例子，可将现实中的控制固化成程序，让计算机做是非判断题。这个示范程序虽然只有几行，但已经包含了一个算法，就是告诉你冰箱有没有鸡蛋给你做蛋炒饭。

示范程序 V1.0:

```
#include<stdio.h>
#include<stdlib.h>
int main()
{
    int iEgg; // 声明一个整数型变量 iEgg, 用于存放冰箱里鸡蛋数量的输入
    printf("请告诉我, 冰箱里有几个鸡蛋? 谢谢! \n"); // 显示提示信息
    scanf("%d", &iEgg); // 输入冰箱里鸡蛋的数量到 iEgg
    if (iEgg > 0) // 如果 iEgg>0, 就执行 { } 里的语句
    {
        printf("恭喜您! 今晚有鸡蛋做蛋炒饭啦!");
        // 如果 iEgg>0, 就显示这句话
    }
    system("pause");
    return 0;
}
```

If 语句语法格式:

```
if(条件) // 如果 ( ) 中的条件为真, 就执行 {} 里的语句
{
    语句1;
    语句2;
    ...
}
```

关于条件的说明:

对条件所描述的内容进行真假判断。如果是真 (TRUE), 那么就执行 {} 中的内容; 如果是假 (FALSE), 则跳过 {} 中的内容。

条件的表述会用到运算符, 示范程序 V1.0 中的条件用了一个 ">" (大于号) 判断 iEgg 是否大于 0。

运算符	示范	说明	运算符	示范	说明
==	a==b	判断 a 与 b 是否相等	>=	a>=b	判断 a 是否大于等于 b
>	a>b	判断 a 是否大于 b	<=	a<=b	判断 a 是否小于等于 b
<	a<b	判断 a 是否小于 b	!=	a!=b	判断 a 是否不等于 b

写一个今天晚上能不能吃上完美蛋炒饭的分析程序 V2.0

大家觉得前页这个程序能不能优化一下呢？就是在冰箱里如果没有鸡蛋的话，也给个提示。

我将这个示范程序升级到 V2.0，如右所示。调试程序，将数量输入为 0，真的有提示了。程序里，应该是 else 这段程序起了作用。大家知道，这具体是什么意思吗？

这是从 if 升级为 if-else 语句，主要对条件结果为假时的条件进行控制。
我们对程序进行了修改，达到 V2.0，我们应该对第一版本进行另存为的操作，作为修改的基础，并且文件名字也可以加上 V2.0，以方便识别。

这样做版本的备份，是怕你直接改了，若失败后无法回到上次的正常状态，那就麻烦了。若硬盘空间不够，可以将旧版本的程序上传至云空间进行管理。

示范程序 V2.0:
```c
#include<stdio.h>
#include<stdlib.h>
int main()
{
    int iEgg; // 声明一个整数型变量 iEgg, 用于存放冰箱里鸡蛋数量的录入
    printf("请告诉我，冰箱里有几个鸡蛋？谢谢！ \n"); // 显示提示信息
    scanf("%d", &iEgg); // 输入冰箱里鸡蛋的数量到 iEgg
    if (iEgg > 0) // 如果 iEgg>0, 就执行 { } 里的语句
    {
        printf("恭喜您！今晚有鸡蛋做蛋炒饭啦！");
        // 如果 iEgg>0, 就显示这句话
    }
    else
    {
        printf("没有鸡蛋，今晚只能吃白饭了！");
        // 如果 iEgg<=0, 就显示这句话
    }
    system("pause");
    return 0;
}
```

if-else 语句语法格式:
```c
if(条件) // 如果 (  ) 中的条件为真，就执行 { } 里的语句
{
  语句1;
  语句2;
  ...
}
else // 如果 (  ) 中的条件为假，就执行 { } 里的语句
{
  语句1;
  语句2;
  ...
}
```

写一个今天晚上能不能吃上完美蛋炒饭的分析程序 V3.0

大家可能发现这个程序还不完善。有人会问能不能再进一步优化程序，让计算机处理当只有一个鸡蛋和两个鸡蛋的情况呢？

如果要实现这个功能，就要教给大家一个 if 的终极版：if—else if。

if 这个指令就好像变形金刚一样，千变万化，功能是真强大！

请大家参考右边示范程序 V3.0 来修改升级程序。大家在参考我给的示范程序进行编程的时候，一定要按照我的顺序进行语句输入，因为程序是从上往下执行的，语句次序的调乱，程序运行的结果就有可能不一样。

示范程序 V3.0：

```c
#include<stdio.h>
#include<stdlib.h>

int main()
{
    int iEgg; // 声明一个整数型变量 iEgg, 用于存放冰箱里鸡蛋数量的录入
    printf ( "请告诉我，冰箱里有几个鸡蛋？谢谢！\n"); // 显示提示信息
    scanf ("%d",&iEgg); // 输入冰箱里鸡蛋的数量到 iEgg
    if (iEgg == 1) // 如果 iEgg=1, 就执行 {} 里的语句
    {
        printf ("恭喜您！今晚可以用一个鸡蛋做蛋炒饭啦!");
        // 如果 iEgg=1, 就显示这句话
    }
    else if (iEgg == 2)// 如果 iEgg=2, 就执行 {} 里的语句
    {
        printf ("恭喜您！今晚可以用两个鸡蛋做蛋炒饭啦!");
        // 如果 iEgg=2, 就显示这句话
    }
    else if (iEgg > 0)// 如果 iEgg>0, 就执行 {} 里的语句
    {
        printf ("恭喜您！今晚有鸡蛋做蛋炒饭啦!");
        // 如果 iEgg>0, 就显示这句话
    }
    else
    {
        printf ("没有鸡蛋，今晚只能吃白饭了!");
        // 如果 iEgg<=0，就显示这句话
    }
    system ("pause");
    return 0;
}
```

划重点

● C 语言程序的执行是从上往下逐句执行的，所以在编程的时候所输入的语句要按照你想好的执行过程来输入。具有这样特性的编程语言，我们就叫作面向过程的语言。

if-else if 语句语法是 if 最完整的语法，之前用到的都是它的简化版，应根据应用的复杂程度来选择合适的 if 语句。

无论 if-else if 有多少个条件，只要一有条件判断为真，就会在完成对应的语句后，跳出 if-else-if 语句，继续后面语句的执行。

if-elseif 语句语法格式：

```
if( 条件 1)
// 如果 （ ） 中的条件 1 为真，在执行完 {} 里的语句后，直接去执行语句 888
{
    语句 1;
    语句 2;
    ⋮
}
else if( 条件 2)
// 如果上面条件 1 为假，（ ） 中的条件 2 为真，在执行完 {} 里的语句后，直接去执行语句 888
{
    语句 1;
    语句 2;
    ⋮
}
else if( 条件 3)
// 如果上面条件 1 和 2 都为假，（ ） 中的条件 3 为真，在执行完 {} 里的语句后，直接去执行语句 888
{
    语句 1;
    语句 2;
    ⋮
}

else // 如果 （ ） 中的条件为假，在执行完 {} 里的语句后，直接去执行语句 888
{
    语句 1;
    语句 2;
    ⋮
}
语句 888;
```

划重点

- else if 的数量没有限制，如果是很多的情况，还有别的更高效语句可以使用。
- 无论有多少个条件，在执行时，从第一个条件开始判断真假，只要一遇到真的条件，在马上执行对应的语句后，跳出 if-else if 语句，继续执行后续语句。

你要做的事情：

1．a<=b 是如何读的？

2．何时执行 else 里的语句？

3．输入并运行以下程序，看看能不能达到以下的要求：程序实现冰箱里有 1 个鸡蛋、2 个鸡蛋、超过 2 个鸡蛋和无鸡蛋时的分析。

请找出这个程序的问题，并进行改正：

```c
#include<stdio.h>
#include<stdlib.h>
int main()
{
    int iEgg;
    printf("请告诉我，冰箱里有几个鸡蛋？谢谢! \n");
    scanf_s("%d", &iEgg);
    if (iEgg > 0)
    {
        printf("恭喜您! 今晚有鸡蛋做蛋炒饭啦!");
    }

    else if (iEgg == 1)
    {
        printf("恭喜您! 今晚可以用一个鸡蛋做蛋炒饭啦!");
    }
    else if (iEgg == 2)
    {
        printf("恭喜您! 今晚可以用两个鸡蛋做蛋炒饭啦!");
    }
    else
    {
        printf("没有鸡蛋，今晚只能吃白饭了!");
    }
    system("pause");
    return 0;
}
```

请大家注意，我来考考大家 if-else if 语句的应用。

这里，我给你们一点提示：无论有多少个条件，在执行时，从第一个条件开始判断真假，只要一遇到真的条件，马上执行对应的语句后，跳出 if-else if 语句，继续执行后续语句。

第十二课

学会为 if 语句写更高级的条件和嵌套

写一个今天晚上小草莓能不能吃上完美蛋炒饭的分析程序 V4.0

今天我继续给大家讲 if 语句更高级的使用。这个 if 语句看似简单，实际上一点都不简单，功能很强大。

我们继续用蛋炒饭来举例。如果当冰箱里有鸡蛋和剩饭才能做蛋炒饭的话，这个条件应该如何写程序呢？这个有点难度，也就是说在条件里要判断鸡蛋和剩饭都大于或等于 1 时，才为真。

这个相当于将两个小条件的结果合并后，作为最终的大条件。这里，请大家看看右边的示范程序 V4.0

在程序 V4.0，实际上是将两个条件鸡蛋和剩饭的数量用逻辑运算合并到一起，逻辑运算的结果只有真或假，这跟 if 条件判断匹配对应起来。

示范程序 V4.0:

```c
#include<stdio.h>
#include<stdlib.h>
int main()
{
    int iEgg; // 声明一个整数型变量 iEgg，用于存放冰箱里鸡蛋数量的录入
    int iRice; // 声明一个整数型变量 iRice，用于存放冰箱里剩饭数量的录入
    printf(" 请告诉我，冰箱里有几个鸡蛋？谢谢！\n"); // 显示提示信息
    scanf("%d", &iEgg); // 输入冰箱里鸡蛋的数量到 iEgg
    printf(" 请告诉我，冰箱里有几份剩饭？谢谢！\n"); // 显示提示信息
    scanf("%d", &iRice); // 输入冰箱里剩饭的数量到 iRice
    if (iEgg > 0 && iRice > 0) // 如果 iEgg>0 并且 iRice>0 为真，就执行 { } 里的语句
    {
        printf(" 恭喜您！今晚有鸡蛋和剩饭做蛋炒饭啦！");
        // 如果 iEgg>0 并且 iRice>0 为真，就显示这句话
    }
    system("pause");
    return 0;
}
```

关于多个小条件合并成一个大条件的说明:

将小条件通过逻辑运算合并在一起后，组成一个大条件。最常用的是逻辑与（&&）和逻辑或（||），其还表达小条件之间的逻辑性。

运算符	关系	表达式	说明
&&	逻辑与	条件 1 && 条件 2	当条件 1 与条件 2 结果都是真时，最终才是真
||	逻辑或	条件 1 || 条件 2	当条件 1 或者条件 2 结果是真时，最终都是真

逻辑与运算的示范：（条件 1 && 条件 2）

条件 1	运算符	条件 2	结果
真		真	真
真	&&	假	假
假		真	假
假		假	假

逻辑或运算的示范：（条件 1 || 条件 2）

条件 1	运算符	条件 2	结果
真		真	真
真	||	假	真
假		真	真
假		假	假

划重点

● C 语言中最常用的逻辑运算符：&&（逻辑与）和 ||（逻辑或）。在其他语言里还会这样表示：and（逻辑与）和 or（逻辑或）。

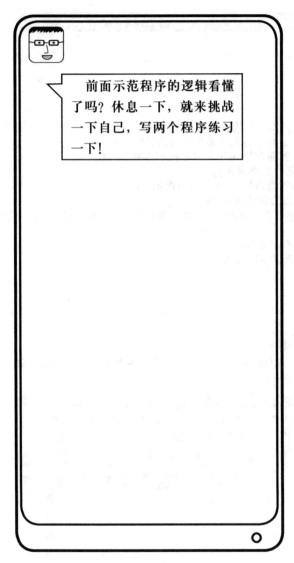

前面示范程序的逻辑看懂了吗？休息一下，就来挑战一下自己，写两个程序练习一下！

你要做的事情：

1. 写一个程序，当冰箱里有两个鸡蛋和两份剩饭时，才能做完美的二人浪漫蛋炒饭。

2. 再写一个程序，只要冰箱里有鸡蛋或者剩饭，就能让自己有东西吃。

示范程序：

```c
#include<stdio.h>
#include<stdlib.h>
int main()
{
    int iEgg; // 声明一个整数型变量 iEgg, 用于存放冰箱里鸡蛋数量的录入
    int iRice; // 声明一个整数型变量 iRice, 用于存放冰箱里剩饭数量的录入
    printf("请告诉我，冰箱里有几个鸡蛋？谢谢！ \n"); // 显示提示信息
    scanf_s("%d", &iEgg); // 输入冰箱里鸡蛋的数量到 iEgg
    printf("请告诉我，冰箱里有几份剩饭？谢谢！ \n"); // 显示提示信息
    scanf_s("%d", &iRice); // 输入冰箱里剩饭的数量到 iRice
    if (iEgg == 2 && iRice == 2) // 如果 iEgg>0, 就执行 { } 里的语句
    {
        printf("恭喜您！可以做完美的二人浪漫蛋炒饭啦！");
        // 如果 iEgg=2 并且 iRice=2 时, 就显示这句话
    }
    system("pause");
    return 0;
}
```

中华文明博大精深。大家知道有多少个成语可以来表达开心的心情呢？

皆大欢喜、笑逐颜开、眉飞色舞、谈笑风生、闻过则喜、欢天喜地、喜出望外、兴高采烈、怡然自得，还有……

其实，在计算机语言里，同一个功能，也可以用不同的算法来表达，也就是算法里所用到的语法会有所不同。

刚才，我们是通过对鸡蛋与剩饭的数量的逻辑运算同时进行判断。现在，试一试先判读是否有鸡蛋，然后再判断是否有剩饭，这样写个程序来看看是否有做蛋炒饭的食材。具体见右边示范程序 V5.0。

示范程序 V5.0 可以把具体缺什么食材都准确地提示出来。

这里用了一个 if 的嵌套，就是 if 里面还有一个 if。如果愿意，还可以在 if 里放一个 if 后，再放一个 if，是不是很有趣。

划重点

● 在输入这个程序的时候，要注意语法，特别是 { } 的位置与数量是否符合语法。

写一个今天晚上能不能吃上完美蛋炒饭的分析程序 V5.0

示范程序 V5.0：

```c
#include<stdio.h>
#include<stdlib.h>

int main()
{
    int iEgg; // 声明一个整数型变量 iEgg, 用于存放冰箱里鸡蛋数量的录入
    int iRice; // 声明一个整数型变量 iRice, 用于存放冰箱里剩饭数量的录入
    printf("请告诉我，冰箱里有几个鸡蛋？谢谢！\n"); // 显示提示信息
    scanf_s("%d", &iEgg); // 输入冰箱里鸡蛋的数量到 iEgg
    printf("请告诉我，冰箱里有几份剩饭？谢谢！\n"); // 显示提示信息
    scanf_s("%d", &iRice); // 输入冰箱里剩饭的数量到 iRice
    if (iEgg > 0) // 如果 iEgg>0 为真, 就执行 { } 里的语句
    {
        if (iRice > 0)// 如果 iRice>0 为真, 就执行 { } 里的语句
        {
            printf("恭喜您！今晚可以做蛋炒饭啦!");
            // 如果 iEgg>0 与 iRice>0 为真, 就显示这句话
        }
        else
        {
            printf ("不好意思！剩饭不够啦!"); // 如果 iRice>0 为假, 就显示这句话
        }
    }
    else
    {
        printf ("不好意思！鸡蛋不够啦!") ; // 如果 iEgg>0 为假, 就显示这句话
    }
    system ("pause") ;
    return 0;
}
```

这里，给大家详细说说 if 嵌套的语法知识。语句的对齐是有讲究的，主要看上下两个语句之间是否有隶属关系。

如果有隶属关系，两个语句之间的对齐要有 4 个空格的距离。

叶老师，我告诉你一个秘密。按一下键盘上的 Tab 按键，就能向右退 4 格。

划重点
● 语句对齐主要是为了更方便查阅。基本的原则是，如果当前语句隶属于上一语句，就向右缩进 4 格；如果当前语句与上一语句没有隶属关系，对齐就好。

If 嵌套: 在 if 语句里再放一个 if 语句的语法。

```
if ( 条件 1) // 如果条件 1 为真，就执行 { } 里的 if 语句
{
    if ( 条件 2) // 如果条件 2 为真，就执行 { } 里的 if 语句
    {
        语句 1;
        ⋮
    }
    else // 如果条件 2 为假，就执行 { } 里的语句
    {
        语句 1;
        语句 2;
        ⋮
    }
}

else // 如果条件 1 为假，就执行 { } 里的语句
{
    语句 1;
    语句 2;
    ⋮
}
```

这个是嵌套的 if 语句，可以看作是条件 1 为真后，执行的一个语句。你们会发现，在 visual studio 输入时，语句并不是向左对齐，而是向右有规律地缩进了 4 个空格。

示范程序:

```
1 #include<stdafx.h>
2 int main() // 第 1 行和第 2 行不是隶属关系，所以左对齐
3 { //main 主函数的开始标志
4     int iEgg=2; // 第 4 ~ 10 行都是隶属于 main 主函数的，所以向右缩进 4 格
5     if (iEgg == 1)
6     {
7         printf("恭喜您！有鸡蛋做蛋炒饭啦！"); // 第 7 行是隶属于第 5 行的 if，基于 if 向右缩进 4 格
8     }
9     system("pause");
10    return 0;
11 }//main 主函数的结束标志
```

今天学习的内容难度不大，但也要做一些练习题来加强一下印象。

你要做的事情：

1．逻辑与的符号是什么？
2．语句向右缩进 4 格表示什么？
3．将下面语句的对齐格式修正好。

```
#include<stdio.h>
#include<stdlib.h>
int main()
{
int iEgg;
int iRice;
printf("请告诉我，冰箱里有几个鸡蛋？谢谢！\n");
scanf_s("%d", &iEgg);
printf("请告诉我，冰箱里有几份剩饭？谢谢！\n");
scanf_s("%d", &iRice);
if (iEgg > 0)
{
if (iRice > 0)
{
printf("恭喜您！今晚可以做蛋炒饭啦！");

}
else
{
printf ("不好意思！剩饭不够啦！");
}
}
else
{
printf ("不好意思！鸡蛋不够啦！");
}
system("pause");
return 0;
}
```

第十三课

用 switch 语句写一个专门店的点餐程序

今天我们来学最后一个条件控制语句 swtich。

　　如果大家天天吃蛋炒饭，同时掌握了做蛋炒饭的技能，完全可以开一间蛋炒饭专门店，让更多的人来享受蛋炒饭的美味。为了节约人手，可以写一个点餐的程序，当客人点了蛋炒饭后，就直接将信息送到厨房，并提示这个订单需要多少鸡蛋和米饭。

　　如果是这样，这个蛋炒饭专门店，只要一个人就够了。因为很多原来需要服务员的工作，都由计算机程序来实现了。但是，只有一个人开店的话，因人手有限，每个订单只能做三份蛋炒饭。
　　这样的程序应该怎么写呢？我们来看看右边的示范程序。

划重点

● 条件控制语句 switch 特别适用于条件是用整数来表示的，并且条件比较多的情况。

写一个蛋炒饭专门店点餐程序 V1.0

示范程序 V1.0：

```c
#include<stdio.h>
#include<stdlib.h>
int main()
{
    int iEggrice;// 声明一个整数型变量 iEggrice, 用于存放点餐数量的录入
    printf(" 欢迎光临，请问您需要几份蛋炒饭？谢谢！\n"); // 显示提示信息
    scanf("%d", &iEggrice); // 输入蛋炒饭的数量到 iEggrice
    switch (iEggrice)// 判断 iEggrice 的结果，然后对应 case 后的数字
    {
        case 1:// 当点了一份蛋炒饭，就执行以下语句。
        printf(" 一份蛋炒饭。食材：一个鸡蛋一份米饭。谢谢！\n"); // 显示提示信息
        break;
        case 2:// 当点了两份蛋炒饭，就执行以下语句
        printf(" 两份蛋炒饭。食材：两个鸡蛋两份米饭。谢谢！\n"); // 显示提示信息
        break;
        case 3:// 当点了三份蛋炒饭，就执行以下语句
        printf(" 三份蛋炒饭。食材：三个鸡蛋三份米饭。谢谢！\n"); // 显示提示信息
        break;
        default:// 当点的蛋炒饭份数在 case 中没有对应，就执行以下语句
        printf(" 我们一次最多点三份蛋炒饭，请重新输入，谢谢！\n"); // 显示提示信息
        break;
    }
    system("pause");
    return 0;
}
```

> switch 语句挺好理解的吧！用起来也方便，就是输入的时候字母比较多，容易出错。大家要仔细一点。

> switch 语句是通过判断一个整数型的数据来实现条件的控制，执行对应的语句。
>
> switch 语句的语法说明如右所示。
>
> 到这里为止，条件控制的语句就介绍完了。

switch 语句的语法：

```
int a=3;
switch (a)// 判断整数型变量 a 的结果，然后对应 case 后的数字
{
    case 1:// 当 a 等于 1 时，就执行以下的语句
        语句 1;
        ……
        break;// 结束 case 1 的执行，继续执行 switch 后面的语句
    case 2:// 当 a 等于 2 时，就执行以下的语句
        语句 1;
        ⋮
        break;// 结束 case 2 的执行，继续执行 switch 后面的语句
    case 3:// 当 a 等于 3 时，就执行以下的语句
        语句 1;
        ……
        break;// 结束 case 3 的执行，继续执行 switch 后面的语句
default:// 当 a 的值不在列出的 case 中，则执行以下的语句
        语句 1
        ⋮
        break;// 结束 default 的执行，继续执行 switch 后面的语句
}
```

> 这个 break 语句不要漏了，否则会引起执行的错乱。

划重点

● switch 语句的语法格式比较复杂。应特别注意符号的正确使用。

你要做的事情：

1. 将下面示范程序的语句的对齐格式修正好。
2. 试运行示范程序，看看是否有什么逻辑上的错误。
3. 试着给程序进行注释。

大家准备好了吗？我又要来考考你们了。

示范程序：

```c
#include<stdio.h>
#include<stdlib.h>

int main()
{
int iEggrice;
printf("欢迎光临，请问您需要几份蛋炒饭？谢谢！\n");
scanf("%d", &iEggrice);
switch (iEggrice)
{
case 1:
printf("一份蛋炒饭。食材：一个鸡蛋一份米饭。谢谢！\n");
   case 2:
printf("两份蛋炒饭。食材：两个鸡蛋两份米饭。谢谢！\n");
     break;
case 3:
 printf("三份蛋炒饭。食材：三个鸡蛋三份米饭。谢谢！\n");
 break;
default:
printf("我们一次最多点三份蛋炒饭，请重新输入，谢谢！\n");
break;
}
system("pause");
 return 0;
}
```

第十四课

用 while 语句做一个好玩的猜数字程序

写一个猜数字游戏的程序 V1.0

大家学习 C 语言这么久，累了吧。今天我们来放松一下，玩一个简单有趣的猜数字游戏。

这个猜数字的游戏规则是：我从 1 ~ 10 的数字里选一个，让你猜我选的是什么数字。同学们之间也可以互相考考对方。

为了公正，让计算机当裁判！只需我写个猜数字的程序就好了。右边为示范程序 V1.0。

示范程序 V1.0:

```c
#include<stdio.h>
#include<stdlib.h>

int main()
{
    int iNumber=8;// 声明整数型变量 iNumber, 用于存放被猜的数字
    int iGuess;// 声明整数型变量 iGuess, 用于存放游戏者输入的数字
    printf("请猜一猜是什么数字？ ");// 显示提示信息
    printf("提示：数字是 1 ~ 10 之间。");// 显示提示信息
    scanf("%d", &iGuess); // 输入所猜的数字到 iGuess
    while (iGuess!=iNumber)
    // 当猜不中数字（也就是两个变量的数值不一样），就执行以下的语句
    {
        printf("您猜错了，再来一次吧！ ");// 显示提示信息
        scanf("%d", &iGuess); // 输入所猜的数字到 iGuess, 再猜一次
    }
    printf("猜对了，你真的是一个人才！ ");// 猜对后的信息提示
    system("pause");
    return 0;
}
```

while 语句是循环控制语句，特别适合在满足一定条件下的语句反复循环执行。

在猜数字这个程序里，就是当你老猜不中的时候就进入了while语句的反复循环，让你重复再猜，直到猜中为止。

while 语句的语法如右所示。

给学习中加一点乐趣，不错吧！来试试右边这个挑战！

while 语句的语法：

```
while ( 表达式 )
// 表达式的运算结果是 TRUE 的话，就一直执行 { } 中的语句。
{
    语句 1;
    ⋮
}
```

挑战来啦！

你要做的事情：

加大一点难度，写一个猜 1 ～ 50 之间整数的程序。

示范程序：

```
#include<stdio.h>
#include<stdlib.h>

int main()
{
    int iNumber=28;
    int iGuess;
    printf("请猜一猜是什么数字？");
    printf("提示：数字是 1 ～ 50 之间。");
    scanf("%d", &iGuess);
    while (iGuess!=iNumber)
    {
        printf("您猜错了，再来一次！");
        scanf_s("%d", &iGuess);
    }
    printf("猜对了，你真的是一个人才！");
    system("pause");
    return 0;
}
```

请大家好好研究一下这个计算机自己猜数字的程序，有些什么特点。

大家会不会觉得计算机好笨啊！从最小数字开始，用穷举的方法去找答案。不像我们人类，用撞大运的方法去猜。

计算机的程序讲究的就是逻辑性，所有的计算都是严谨的。计算机的方法虽然笨，但是其运算能力足够快。

所以，一个计算机程序写好以后，就能实现无人化的操作，而且比人做得好，做得快。

挑战来啦！

你要做的事情：

1. while 语句在条件不满足时，是否一直循环 { } 里的语句？
2. 写一个让计算机猜 1 ～ 10000 之间整数的程序。

73

第十五课

用 for 语句升级一下猜数字程序

上一课写的那个猜数字的程序，大家都学会了吗？那个程序是只要尝试足够的次数，都是能将数字猜对的，但不够刺激。如果能够限定只准猜三次，就好玩多了。

试一试右边这个新示范程序，在这个程序里，我用到了以下的新知识：
1）for 语句的使用。
2）将 while 语句嵌套在 for 语句中。

若只能猜三次，这个游戏就刺激多了。

划重点

● return 函数的作用是结束当前函数的执行。在主函数 main 的结尾有固定格式 return 0 的使用，说明程序执行的结束。

　写一个只能猜三次数字游戏的程序 V1.0

示范程序 V1.0:

```c
#include<stdio.h>
#include<stdlib.h>

int main()
{
    int iNumber = 8;// 声明整数型变量 iNumber, 用于存放被猜的数字
    int iGuess;// 声明整数型变量 iGuess, 用于存放游戏者输入的数字

    for (int i = 1; i < 4; i++)
    //int i=1 这是声明了一个整数型变量 i, 用于记录猜的次数
    //i 的初始值为 1, 是因为在 for 指令之前已经猜过一次了
    //i<4, 这规定了循环的次数不大于 4, 也就是允许猜的总次数为 3 次
    //i++ 是对 i 进行加 1 的操作, 记录次数的增加
    {
        printf("请猜一猜是什么数字？");// 显示提示信息
        printf("提示：数字是 1 ~ 10 之间。");// 显示提示信息
        scanf("%d", &iGuess); // 输入所猜的数字到 iGuess
        while (iGuess == iNumber)
          // 当猜中数字后（也就是 iGuess 与 iNumber 的数值相同），就执行以下的语句
        {
            printf("猜对了，你真的是一个人才！");// 猜对后的信息提示
            system("pause");
            return 0;// 结束本程序的运行
            //return 是返回函数, 0 是结束主函数 main 的固定用法
        }
        printf("您猜错了，再来一次吧！");// 显示提示信息
    }
    printf("您猜错三次了，下次再玩吧！");// 显示提示信息
    system("pause");
    return 0;
}
```

for 语句的循环条件是比较复杂的。右边给大家介绍一下 for 语句的语法与使用，大家好好理解一下。

这里重点提示 3 点：

1）for 语句循环主要用于重复多次的执行语句。

2）在别人编的程序里初始次数可能会从 0 开始。为了符合中国人的思维习惯，我一般是从 1 开始的。

3）在第二部分里，实际是设定循环的次数，数值设定记得比你想要的实际循环次数多 1。

for 语句的语法：

```
for (int i = 1; i < 数值 ; i++) // 循环条件满足就执行 { } 中的语句
{
语句 1；

   ：

}
```

// 循环条件由三部分总成：

// 第一部分：int i=1，代表记录实际循环次数的是整数型的变量，一般会用 i 为变量名字，初始次数为 1

// 第二部分：i< 数值，设定循环的次数，实际循环次数 i 的值等于数值的话，就跳出 for 循环

// 第三部分：i++，每循环一次，i 就会加 1

示范程序：

```
#include<stdio.h>
#include<stdlib.h>
int main()
{
    for (int i = 1; i < 67; i++) //i<67，比实际需要循环的次数 66 多 1
    {
        printf ("第 %d 次，叶老师，我好崇拜你！ \n",i);// 显示提示信息
    }
    system ("pause");
    return 0;
}
```

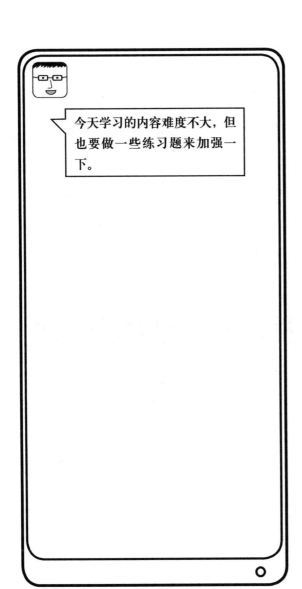

今天学习的内容难度不大，但也要做一些练习题来加强一下。

挑战来啦！

你要做的事情：

1．return 语句执行的效果是结束当前函数的执行吗？

2．for 语句是否用于循环控制 ｛　｝中语句的执行次数？

3．用 for 语句写一个夸奖你们老师 66 次的程序。

第十六课

一点都不复杂，程序就三种结构模式

> 这一课，我想对学过的内容做一些归纳总结。就是结构化编程程序的三种结构模式，在前面的课程里，大家都已经见过这三种结构模式，并且已经在编程练习中体验过了。

> 原来不知不觉中，大家已经学会了这么多！到底是哪三种程序结构模式呢？
>
> 下面详细说说什么是结构化编程。

 什么是结构化编程？

　　结构化编程是程序执行遵循自顶而下、逐步细化的原则。其特点是：语法书写规范，基本语句简单，组合使用，逻辑思路清晰，兼顾效率。

1. 自顶而下，逐步细化说明

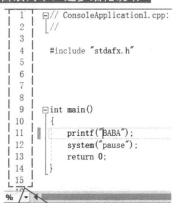

```
1  // ConsoleApplication1.cpp:
2  //
3
4  #include "stdafx.h"
5
6
7
8
9  int main()
10 {
11     printf("BABA");
12     system("pause");
13     return 0;
14 }
15
```

语句行编号：程序的执行是从第一行语句开始的。在本示范中：
1) 第1～3行是注释，不被执行。
2) 第4行是预处理命令，预先加载程序要用到的资源。
3) 第9行是程序的开始。C语言的程序都是由主函数main开始，在主函数里根据需求编写语句或调用在预先加载资源里的函数。

2. 语法书写规范说明

```
1       #include "stdafx.h"
2   int main()
3   {
4   #include "stdafx.h "
5       int main()
6       {
7           int iNumber = 8;
8           int iGuess;
9           printf("请猜一猜是什么数字？");
10          printf("提示：数字是1-10之间。");
11          scanf_s("%d", &iGuess);
12          for (int i = 1; i < 3; i++)
13          {
14              while (iGuess == iNumber)
15              {
16                  printf("猜对了，你真的是一个人才！");
17                  system("pause");
18                  return 0;
19              }
20              printf("您猜错了，再来一次吧！");
21              scanf_s("%d", &iGuess);
22          }
23          printf("您猜错三次了，下次再玩吧！");
24          system("pause");
25          return 0;
26      }
27
28  }
```

语法书写格式化：程序中，使用缩进对齐的格式，让语句之间的隶属关系清晰明了。

结构化编程的三种程序结构模式分别是顺序结构、条件控制结构和循环控制结构。

无论以后写多复杂的程序，都不会跳出这三种程序结构模式。右边详细介绍了三种程序结构模式的执行特点。

程序的结构总结起来就三种，可以说是大道至简！以此衍生出千变万化的程序。怪不得有人说，程序有无限的可能，有限的只是你的创新能力。

结构化编程的三种程序结构模式：

结构模式 1　顺序结构

程序执行时，从第一行语句到最后一行语句完全按编号顺序执行。

```
1     // ConsoleApplication1
2     //
3
4     #include "stdafx.h"
5
6
7
8
9     int main()
10    {
11        printf("BABA");
12        system("pause");
13        return 0;
14    }
15
%
```

结构模式 2　条件控制结构

程序执行时，根据条件的不同，控制程序的进程。

if-else 条件控制语句：

```
if ( 条件 )
{
    语句 1;
    ……
}
else
{
    语句 1;
    ………
}
```

switch 条件控制语句：

```
int a=2;
switch (a)
{
    case 1:
        语句 1;
        ⋮
        break;
    case 2:
        语句 1;
        ⋮
        break;
    default:
        语句 1
        ⋮
        break;
}
```

结构模式 3　循环控制结构

程序执行时，在条件为真的情况下，进行设定的重复执行。

while 循环控制语句：

```
while ( 表达式 )
{
    语句 1;
    ⋮
}
```

for 循环控制语句：

```
for (int i = 1; i < 数值 ; i++)
{
    语句 1;
    ⋮
}
```

大家一定听过一图胜千字这句话吧。试一试将结构化编程的三种程序结构模式画成图形。

你要做的事情：

试一试将结构化编程的三种程序结构模式画成图形

示例：

结构模式 1　顺序结构	结构模式 2　条件控制结构	结构模式 3　循环控制结构
程序执行时，从第一行语句到最后一行语句完全按编号顺序执行。	程序执行时，根据条件的不同，控制程序的进程。	程序执行时，在条件为真的情况下，进行设定的重复执行。

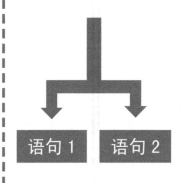

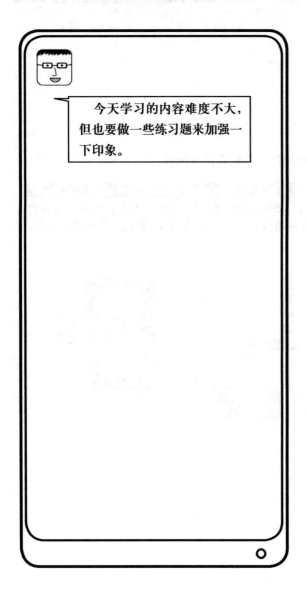

今天学习的内容难度不大，但也要做一些练习题来加强一下印象。

挑战来啦！

你要做的事情：

1. 结构化编程的程序执行是怎么样的？
2. 结构化编程的三种程序结构模式是什么？

第十七课

初识函数——一个非常有用的概念

到了大学，学习和生活都离不开计算机。根据需要的硬件参数去组装一台适合自己的计算机，既省钱，性能又好。

大家有没有想过，我们编写一个符合需要的程序，就像组装一台计算机，用不同的函数组成一个符合需要的程序。

这节课就详细给大家讲讲函数的定义与作用。

什么是函数：

函数实际是由能实现特定功能的语句组成，以整体的形式在程序中被使用。

根据需要选择硬件组装计算机：

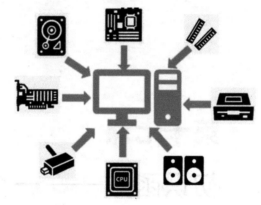

多功能单位转换程序，具体功能由单独的函数实现：

多功能单位转换程序

| 基本加减乘除计算函数 |
| 外汇货币汇率转换函数 |
| 长度单位转换函数 |
| 面积单位转换函数 |
| 体积单位转换函数 |
| 温度单位转换函数 |
| 时间单位转换函数 |

组装计算机：

根据使用的需要添加计算机配件。比如需要蓝牙功能，就添加一个蓝牙模块。

编写程序：

程序根据要实现目标的需要，将能实现对应功能的函数按照需要组合到程序中。

计算机配件 1

计算机配件 4 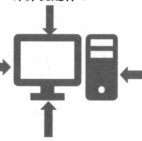 计算机配件 2

计算机配件 3

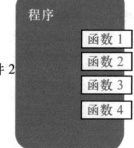

程序

| 函数 1 |
| 函数 2 |
| 函数 3 |
| 函数 4 |

划重点

● 一般地，一个函数只实现一个功能，不建议多个功能集合在一个函数里。

在 C 语言中，程序都是由变量与函数组成的。比如，主函数 main，它是程序的总入口，执行就是从这里开始的，之前的程序用到的 system 函数，我们直接进行了使用，因为它是系统库自带的程序通用函数。

除了自带的通用函数，我们还可以自定义函数，以满足功能实现的需要。关于函数的说明具体见右边。

关于函数的说明

1. 主函数 main

在 C 语言里，可以理解为函数的集合，而主函数 main 是程序执行的起点。

主函数 main 是程序执行起点:

```
#include<stdio.h>
#include<stdlib.h>
int main()
{
    语句 1;
    :
    return 0;
}
```

3. 自定义函数

一般，自定义函数的目的是对函数输入一个数据，经过函数内的算法处理后，返回一个结果。也有一些特定的情况下，只对函数进行调用，不输入数据，不返回结果。

2. 系统库自带的通用函数

在打开一个编程环境时，可以通过 #include 加载预处理文件，文件中包括通用函数 system 等。

```
#include<stdio.h>
#include<stdlib.h>
int main()
{
    语句 1;
    :
    system("pause");
    return 0;
}
```

system 函数可以执行很多系统功能，只要在（ ）中按照格式输入对应的参数，就能执行。比如常用的是输入 pause，在这个程序中执行语句 system（"pause"）;是冻结屏幕执行的意思，便于观察程序的执行结果。

输入数据 → 自定义函数 → 返回结果

自定义函数可以理解为将语句按照一定的功能需要封装成一个模块。

就跟组装一台计算机一样，将计算机配件比作函数，它们既有相似之处，也有不同的地方。

相似的是，根据功能的需要，用不同的计算机配件组装成计算机，用不同的语句组合成函数。

不同之处在于，计算机是用硬件组成的，函数是由语句组成的软件。

使用自定义函数的场景主要有两个：

1) 将数据放到函数里进行运算，然后返回结果给程序使用。

2) 将一些重复使用的语句封装到函数里，反复被程序调用，可提高编程效率。

划重点

● 自定义函数如果带返回值，在应用时，要将返回结果赋值给一个变量或嵌入到其他函数中才有意义，否则返回值将被丢弃。

关于函数的说明

4. 自定义函数的定义与应用

自定义函数在程序中要先进行定义，然后被主函数 main 或其他函数调用。

自定义简单两位数加法函数示范：

```
#include<stdio.h>
#include<stdlib.h>
float Calculator(float a,float b)
{
    return a+b;
}
int main()
{
    float fResult;
    fResult = Calculator(2,1);
    printf(" 计算结果是：%f", fResult);
    system("pause");
    return 0;
}
```

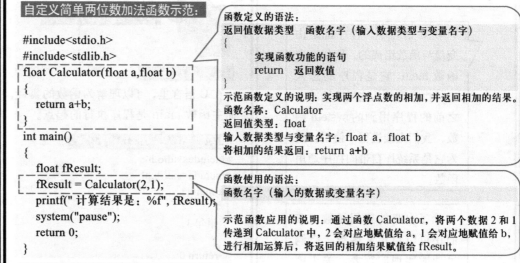

函数定义的语法：
返回值数据类型　函数名字（输入数据类型与变量名字）
{
　　实现函数功能的语句
　　return　返回数值
}

示范函数定义的说明：实现两个浮点数的相加，并返回相加的结果。
函数名称：Calculator
返回值类型：float
输入数据类型与变量名字：float a, float b
将相加的结果返回：return a+b

函数使用的语法：
函数名字（输入的数据或变量名字）

示范函数应用的说明：通过函数 Calculator，将两个数据 2 和 1 传递到 Calculator 中，2 会对应地赋值给 a，1 会对应地赋值给 b，进行相加运算后，将返回的相加结果赋值给 fResult。

5. 无返回值的自定义函数定义与应用

有一些情况是函数里的内容是固定的，不需要返回值。比如，用于被反复调用的提示信息语句。

无返回值自定义函数示范：

```
#include<stdio.h>
#include<stdlib.h>
void Information()
{
    printf(" 欢迎学习计算机语言：\n");
    printf(" 你一定能走上人生的巅峰。");
}
int main()
{
    Information();
    system("pause");
    return 0;}
```

无返回值函数定义的语法：
void　函数名字（）
{
　　实现函数功能的语句
}

示范函数定义的说明：函数里主要存放写屏信息，不需要返回数值。

函数使用的语法：
函数名字（）

函数的概念非常重要，因为所有的计算机编程语言关于函数的使用都是万变不离其宗。所以，要多多练习，搞清楚函数的概念与应用！

你要做的事情：

1. 写一个两位减法函数的程序。
2. 写一个三位加法函数的程序。
3. 写一个夸夸老师的函数。

第十八课

用函数做一个好玩的面积计算程序

上一节课我给大家详细地介绍了函数。其实学习新知识跟函数的原理很像，只有及时地练习和复习，学的内容才会被更好地记住。

函数要有输入数据，经过函数里算法的处理，返回一个值，这样的函数就有了应用的意义。

这一节课，我来教大家做一个圆与椭圆的面积计算函数。请大家看右边这个示范程序。

一个好玩的圆和椭圆面积计算程序

示范程序 V1.0（程序中所有长度单位都是厘米）：

```
#include<stdio.h>
#include<stdlib.h>
float Circle(float a) // 定义一个圆面积计算的函数 Circle
// 返回值为浮点型，形式参数为浮点型变量，名字是 a，用于接收圆的半径值
{
    float fPai = 3.14159;// 声明浮点型变量 fPai，用于存放圆周率
    float fArea; // 声明浮点型变量 fArea，用于存放运算结果
    fArea = fPai*a*a; // 根据圆面积的计算公式，对输入的数据进行计算后，将结果赋值给 fArea
    return fArea; // 返回运算的结果
}
float Ellipse(float a,float b)// 定义一个椭圆面积计算的函数 Ellipse
// 返回值为浮点型，形式参数为浮点型变量，名字是 a，接收半长轴值；变量 b 接收半短轴值
{
    float fPai = 3.14159;// 声明浮点型变量 fPai，用于存放圆周率
    return fPai*a*b; // 返回运算的结果
}
int main()
{
    float fResult; // 声明浮点型变量 fResult，作为存放圆形面积的中间变量
    fResult = Circle(2);
    // 将圆的半径值 2 输入函数 Circle 进行计算，然后返回的结果赋值给 fResult
    printf("圆形的面积是：%f 平方厘米 \n", fResult);// 显示圆形面积的信息
    printf("椭圆形的面积是：%f 平方厘米 \n", Ellipse(3, 2));
    // 显示椭圆形的面积信息，可以将函数放在 printf 函数内，不用中间变量
    system("pause");
    return 0;
}
```

划重点 1

- 在返回数值的语句中，以下两种情况的效果是一样的：
  1) 将运算结果存到变量中再返回变量值。
  2) 直接将运算的语句写到 return 里，适合比较简单的应用场合。

划重点 2

- 在函数应用时，以下两种情况的效果是一样的：
  1) 将函数的返回值先赋值给一个中间变量，然后再使用。
  2) 直接将函数嵌入其他函数中，返回值就自动作为其他函数的一部分了，比如 printf 函数。

编写程序时，除了要实现所要的目的外，对其优化也很重要。优秀的工程师可以用更少的语句实现目的，这样的程序不仅简洁易读，而且执行效率高。

就以前面圆和椭圆面积计算程序为例，示范程序 V1.0 有一个很明显的地方可以优化。

大家会发现存放圆周率的变量 fPai 在 Circle 和 Ellipse 两个函数中都有出现，能不能以共用的形式出现呢？

这个当然可以解决，圆周率是一个固定的数值，并且可以给整个程序共同使用。可以将它定义为全局变量。之前我们定义在函数内的都是局部变量，函数之间是不能共享的。

我先优化一下程序，见右边示范程序 V2.0。

一个好玩的圆和椭圆面积计算程序

示范程序 V2.0（程序中所有长度单位都是厘米）：

```
#include<stdio.h>
#include<stdlib.h>
const float fPai = 3.14159;// 声明浮点型全局常量变量 fPai，用于存放圆周率
 float Circle(float a) // 定义一个圆面积计算的函数 Circle
// 返回值为浮点型，形式参数为浮点型变量，名字是 a，用于接收圆的半径值
{
    float fArea; // 声明浮点型变量 fArea，用于存放运算结果
    fArea = fPai*a*a; // 根据圆面积的计算公式，对输入的数据进行计算后，将结果赋值给 fArea
    return fArea; // 返回运算的结果
}
float Ellipse(float a,float b)// 定义一个椭圆面积计算的函数 Ellipse
// 返回值为浮点型，形式参数为浮点型变量，名字是 a，用于接收半长轴值；变量 b 接收半短轴值
{
    return fPai*a*b;// 返回运算的结果
}
int main()
{
    float fResult; // 声明浮点型变量 fResult，作为存放圆形面积的中间变量
    fResult = Circle(2);
    // 将圆的半径值 2 输入函数 Circle 进行计算，然后把返回的结果赋值给 fResult
    printf(" 圆形的面积是：%f 平方厘米 \n", fResult);// 显示圆面积的信息
    printf(" 椭圆形的面积是：%f 平方厘米 \n", Ellipse(3, 2));
    // 显示椭圆形的面积信息，可以将函数放在 printf 函数内，不用中间变量
    system("pause");
    return 0;
}
```

划重点

● 将存放圆周率的浮点型变量 fPai 放在预处理语句的下方，就是可共用的全局变量。并且在开头加了 const，意思是圆周率是一个常量，不可修改。Circle 和 Ellipse 两个函数中的 fPai 就可以取消了。

函数的概念非常重要，因为所有的计算机编程语言关于函数的使用都是万变不离其宗的。要多多练习，搞清楚函数的概念与应用。

你要做的事情：

1. 试运行示范程序1，看看有什么错误？
2. 试运行示范程序2，看看全局变量是否正常？
3. 试运行示范程序3，看看两个圆周率一样吗？

示范程序1：

```
#include<stdio.h>
#include<stdlib.h>
const float fPai = 3.14159;
int main()
{
    fPai = 3.1;
    printf("圆周率是：%f", fPai);
    system("pause");
return 0;
}
```

示范程序3：

```
#include<stdio.h>
#include<stdlib.h>
const float fPai = 3.14159;
void Information()
{
    printf("圆周率是：%f\n", fPai);
}
int main()
{
    float fPai = 61;
    Information();
    printf("圆周率是：%f\n", fPai);
    system("pause");
    return 0;
}
```

示范程序2：

```
#include<stdio.h>
#include<stdlib.h>
const float fPai = 3.14159;
void Information()
{
    printf("圆周率是：%f", fPai);
}
int main()
{
    Information();
    system("pause");
    return 0;
}
```

划重点

● 如果全局变量与局部变量同名时，则会使用局部变量，应避免这种情况的发生。

第十九课

用结构体做更好用的房租管理程序

小草莓，你在忙什么呢？

叶老师，我又在统计房租费用呢，真头大。虽然已经编写了程序，还用上了数组，但是将数据输入数组的时候会很容易搞错，因为数组只有编号，所以要非常小心才行。

还有就是，要每个房间记录租户的姓名。这就有问题了，数组只能记录一种数据类型，而姓名是字符型的，与用于记录费用的浮点型不一样。

你说的问题还是可以解决的，总结下来是以下两条：
1）解决数组只能是一种数据类型的方案。
2）输入信息提示不足，容易输入错误的问题。

是的，叶老师。

这两个问题的解决，需要用到结构体类型变量。

什么是结构体类型变量？叶老师。

 结构体类型变量的详细说明

项目文件夹：将同一个项目的视频、PDF、表格、MP3 放在一个文件夹里，方便管理与查找。

结构体类型变量：将不同数据类型根据需要组合成一个新的变量。

小草莓的需求：将同一个房间的姓名、总费用、水费、电费和房租作为一个结构体类型变量进行存储。

房号	姓名	总费用	水费	电费	房租
int	char	float	float	float	float

结构体类型变量
int
float
double
char

房间费用明细
姓名　char
总费用　float
水费　float
电费　float
房租　float

 结构体类型变量的使用示范

结构体类型变量就是将系统自带的单一数据类型，根据需要集合成一个新的变量类型。来满足编程与管理的需要。

这个就类似于计算机里的项目文件夹，里面放的不一定是文档，还有可能是视频、音频和 PDF 等，只要是与这个项目有关的就会放在一个文件夹里。

结构体类型变量的使用有以下三个流程：
1）定义。
2）声明。
3）应用。
右边是详细说明。

1. 结构体类型变量需求分析

根据小草莓要统计的费用的格式要求，数据类型要求如右表。

房号	姓名	总费用	水费	电费	房租
int	char	float	float	float	float

2. 结构体类型变量的定义

根据小草莓的需要，定义结构体类型变量示范如下：

```
struct RoomFee // 定义一个叫作 RoomFee 的结构体类型变量
{
    char cName[20];// 声明一个存放姓名的字符型数组 cName, 可存放 20 个字符
    float fWater;// 声明一个存放水费的浮点型变量 fWater
    float fElectric;// 声明一个存放电费的浮点型变量 fElectric
    float fRent;// 声明一个存放房租的浮点型变量 fRent
    float fTotal;// 声明一个存放总费用的浮点型变量 fTotal
};
```

3. 结构体类型变量的声明

```
struct RoomFee Roo;// 声明一个结构体类型数组变量 Roo
struct RoomFee Room[5];// 声明一个按房间号记录费用集合的结构体类型数组变量 Room
```

4. 结构体类型变量的赋值

```
Roo.fWater = 12.13;// 将数值 12.13 赋值给结构体类型变量 Roo 里的元素 fWater
Room[1].fTotal = 12.13;
// 将数值 12.13 赋值给结构体类型数组变量 Room[1] 里的元素 fTotal
```

5. 结构体类型变量的引用

```
scanf_s(" %f ", &Room[1].fWater);
// 在输入函数中，嵌入结构体类型数组变量的元素 Room[1].fWater，接受键盘输入的数值
```

划重点
● 单个的结构体类型变量在解决实际问题时作用不大，所以多是以结构体类型数组变量出现。

小草莓输入房间费用明细的程序：

程序示范：

```c
#include<stdio.h>
#include<stdlib.h>
struct RoomFee // 定义一个叫 RoomFee 的结构体类型变量
{
    char cName[20];// 声明一个存放姓名的字符型数组 cName, 可存放 20 个字符
    float fWater;// 声明一个存放水费的浮点型变量 fWater
    float fElectric;// 声明一个存放电费的浮点型变量 fElectric
    float fRent;// 声明一个存放房租的浮点型变量 fRent
    float fTotal;// 声明一个存放总费用的浮点型变量 fTotal
};
struct RoomFee Room[6];
// 声明一个按房间号记录费用集合的结构体类型数组变量 Room.
void DataInput(int a)// 创建一个用于输入与显示确认数据的函数 DataInput
{
    printf("请输入 %d 号房的租客名字 ",a);// 提示信息
    scanf("%s",Room[a].cName,20);//20 是限定输入字符数
    printf("请输入 %d 号房的水费 ",a);
    scanf("%f", &Room[a].fWater);
    printf("请输入 %d 号房的电费 ",a);
    scanf("%f", &Room[a].fElectric);
    printf("请输入 %d 号房的房租 ",a);
    scanf("%f", &Room[a].fRent);
    Room[a].fTotal = Room[a].fWater + Room[a].fElectric + Room[a].fRent;
    // 将分项费用加在一起，赋值给总费用
    printf("租户名字：%s\n",Room[a].cName);// 将输入的数据进行显示确认
    printf("水费：%f\n", Room[a].fWater);
    printf("电费：%f\n", Room[a].fElectric);
    printf("房租：%f\n", Room[a].fRent);
    printf("总费用：%f\n", Room[a].fTotal);
}
int main()
{
    int iRoomNum;// 声明一个存放房间号的整数型变量
    printf("请输入房号：");
    scanf("%d", &iRoomNum);
    DataInput(iRoomNum);// 调用函数，输入数据是房间号
    system("pause");
    return 0;
}
```

为了重点应用结构体类型变量。我先编写输入费用的程序，来解决容易输入错误和多种数据类型集合的问题。

在参考输入我的程序到软件时，一定要注意格式，特别是标点符号要用英文的，不要用中文的。

程序编写的一般顺序如下：
1）预处理指令。
2）结构体类型变量。
3）全局变量的声明。
4）自定义函数。
5）主函数。
但有时候也不绝对。

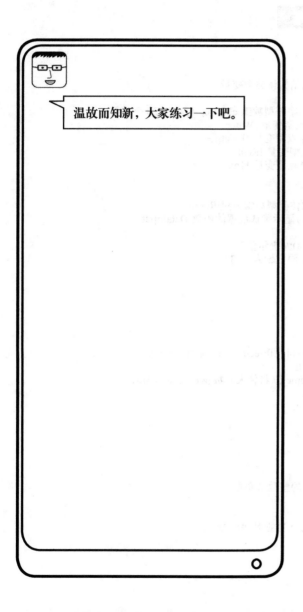

温故而知新，大家练习一下吧。

请写一个成绩输入的程序：

1. 全班就 5 个同学，学员是 1 ~ 5 号。
2. 应用结构体类型变量来集合数据。
3. 运行程序，验证一下结果。

学号	姓名	总分	语文	数学	英语
int	char	int	Int	Int	int

第二十课

C 语言入门课程总结

在这里，祝贺大家完成计算机算法的 C 语言入门课程。有没有感觉时间过得很快。

觉得学习时间过得快，是一个好事情，证明你是认真投入到学习中去了。这节课主要是总结一下前面的学习内容。

总结

1. 第一～十九课学习的目的

通过学习具体的计算机语言——C 语言，来体会什么是计算机算法。

2. 关于计算机算法

计算机算法是一个抽象的概念，就是说用计算机语言写一个程序出来，解决一个特定的问题。就好像做过的蛋炒饭程序和点餐程序。将具体问题抽象化，将抽象的思维用计算机语言表达出来，就能自动地解决特定的问题。这是一个具体—抽象—具体的过程。

3. 计算机算法与计算机语言的关系

计算机算法由计算机语言来具体表述，一般不仅限于一种计算机语言能表述，只能说某种算法由某种语言来表述会更优，比如 C 语言适合做工控设备的算法设计。就像中国古代的唐诗除了用中文表达，还可以用英文、日文等其他外国语言表述，但是用中文来表述是最优的。

4. 什么是具有实际应用意义的程序

一个具有实际应用意义的程序，一定会输入数据，经过由计算机语言语句组成的算法处理，然后产生数据输出。

划重点

● 如果要深入学习，建议找一本专门针对 C 语言的教材好好学习。

程序是由数据与算法组成的。那么，我们来回顾一下之前课程学过了哪些相关的知识。这些知识，在学习别的计算机语言时，也是大同小异的。

数据与算法具体的说明

1. 程序由数据与算法组成

算法是把具体问题抽象后，用语句写成的。当不同的数据输入到程序，经由特定算法的处理，然后产生数据的输出。这个过程就是程序的使命。

程序：过马路
数据：男女老幼
算法：红灯停，绿灯行

程序 ─┬─ 数据
　　　└─ 算法

2. 数据知识点回顾

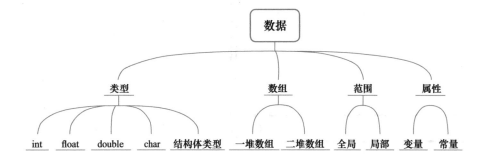

数据 ─┬─ 类型 ─┬─ int
　　　│　　　├─ float
　　　│　　　├─ double
　　　│　　　├─ char
　　　│　　　└─ 结构体类型
　　　├─ 数组 ─┬─ 一堆数组
　　　│　　　└─ 二堆数组
　　　├─ 范围 ─┬─ 全局
　　　│　　　└─ 局部
　　　└─ 属性 ─┬─ 变量
　　　　　　　└─ 常量

总结课到这里就上完了。我是将具有共性的知识点，通过 C 语言来给大家讲计算机算法的入门。其实还有关于 C 语言编程的细节或独有的知识点没有太多地涉及。

通过这十九节课程，计算机语言编程也算是入门了。如果大家要具体深入学习与应用某种计算机语言，还需要买对应的图书或上网学习。

 数据与算法具体的说明

3. 算法知识点回顾

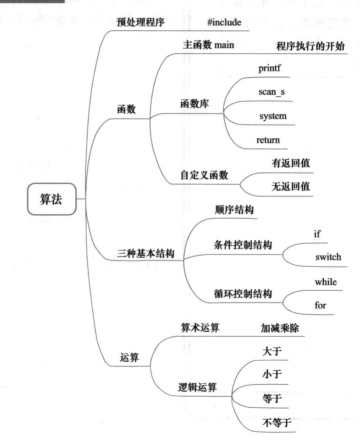

今天的内容是复习，大家做一些练习题来加强一下印象。

你要做的事情：

1. 什么是计算机算法？
2. 计算机算法与计算机语言之间的关系是什么？
3. 具有实际应用意义的程序是怎么样的？

第二十一课

C 语言的兄弟：

ABB 工业机器人编程语言 RAPID

C 语言的学习已经告一段落了，我们现在来看看 C 语言在具体智能制造领域的应用。很多厂家，都会以 C 语言为蓝本进行自动化设备的控制编程的环境与语言的开发。

　　ABB 工业机器人的编程语言——RAPID 就是以 C 语言为基础开发出来的。它们都是面向过程的编程理念，RAPID 在 C 语言的基础上，对程序的架构、变量的命名、语法指令进行了一定的调整，比如说增加了新的数据类型、指令等，以满足对工业机器人控制编程的需要。

　　下面，我就带领大家来看看，掌握了 C 语言入门知识以后，再来学习它的兄弟语言 RAPID 时，是不是更容易上手了。

　　我带大家先配置一下 RAPID 的编程环境。

 了解工业机器人的基本操作与下载编程软件 Robotstudio

　　1）在使用 RAPID 语言对 ABB 工业机器人进行编程之前，可以先学习一下工业机器人的基本操作知识，用手机扫一扫下方的二维码或访问 jqr.ke.qq.com，搜索"工业机器人实操与应用技巧"。

　　2）建议再学习一下 RAPID 的编程软件 RobotStudio，这样可以更好地理解 RAPID 语言。用手机扫一扫上方的二维码或访问 jqr.ke.qq.com，搜索"工业机器人－RobotStudio6.0 在线功能教程"。

　　3）如果只是想了解一下，在学习了 C 语言基础后，再学习一种具体的智能设备——ABB 工业机器人编程语言，可以省略步骤 1、2，直接跟着我来学习以下的内容。

各种智能设备模块，因为功能不一样，再加上不同生产厂商都有自己的理解，所以编程的语言都是在参考 C 语言的基础架构的基础上进行开发。

通过右边 C 语言与 RAPID 对比的说明，是快速学习一种与 C 语言有亲戚关系的编程语言的方法。

 找不同——RAPID 与 C 的基本程序结构区别

步骤 1： 打开 Robotstudio 软件，新建一个 RPAID 的程序模块。

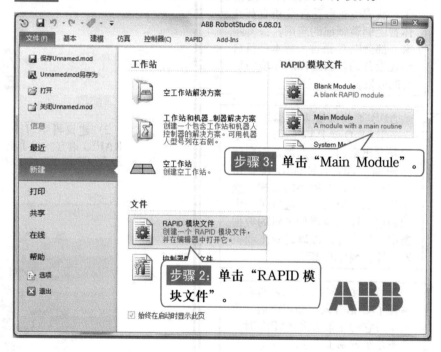

步骤 3： 单击"Main Module"。

步骤 2： 单击"RAPID 模块文件"。

划重点

● Robotstudio 这个软件每年都会有两次的版本更新，软件界面会有所变化。大家可能会在使用最新版本的软件时，发现与本书中的说明有所差异，这时建议扫描右侧的这个二维码学习最新版本软件的使用。

首先，我们一起来看看右边 C 语言与 RAPID 最基本的程序架构组成。

大家注意到了吗？C 语言是一种通用的计算机语言，通过预处理指令 include 配置好程序中要用到的环境与指令。

RAPID 中并没有 C 语言的预处理指令。这是因为 RAPID 是专门用于 ABB 工业机器人编程的语言，相关的编程环境与指令都是工业机器人系统默认的，所以就没有预处理的需要了。

两种语言的语法基本是一样的，要有缩进。同一个功能，用的符号可能不一样。这个对照着，记下来就好。

找不同——RAPID 与 C 的基本程序结构区别

步骤 4：对比看看，左边是 C 语言，右边是 RAPID，有什么不同。

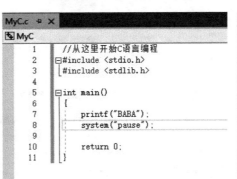

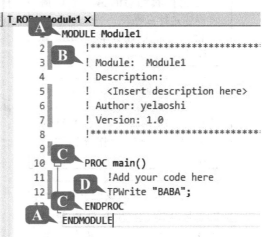

对比点	说明
A	用于说明这个模块的开始与结束符号，所有的编程应该在模块的开始与结束的范围之内进行
B	在 RAPID 中，"!"是备注行的符号；在 C 语言中，备注行的符号是"//"
C	程序的开始与结束符号
D	在 RAPID 指令中，TPWrite 是写屏指令；纯字符时，语法格式与 C 语言基本一样

划重点

● 使用 RAPID 语言进行编程时，要注意：必须使用全英文的字符，包括备注行的消息也不能用中文进行注释，否则会发生错误。

还记得我们写的第一个 C 语言程序是什么吗?

没错,就是让计算机开口喊"BABA"。

这里,我们用 RAPID 语言写一个让工业机器人喊"BABA"的程序,来体验一下 RAPID 的编程过程。具体操作过程如右所示。

在这个例子里,我们主要用到的是 RAPID 编程指令 TPWrite,用于显示信息,提示操作者的作用。

体验一下最基本的 RAPID 程序

步骤 1: 打开 Robotstudio 软件,新建一个工作站和工业机器人控制器解决方案。

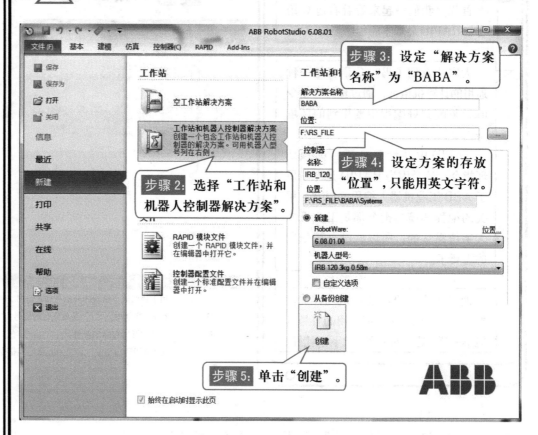

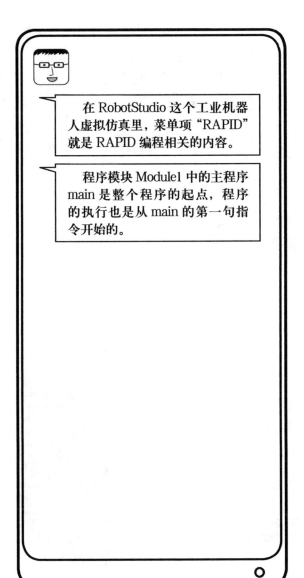

在 RobotStudio 这个工业机器人虚拟仿真里，菜单项 "RAPID" 就是 RAPID 编程相关的内容。

程序模块 Module1 中的主程序 main 是整个程序的起点，程序的执行也是从 main 的第一句指令开始的。

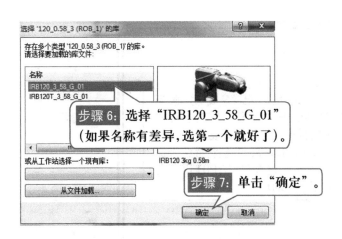

步骤 6：选择 "IRB120_3_58_G_01"（如果名称有差异，选第一个就好了）。

步骤 7：单击 "确定"。

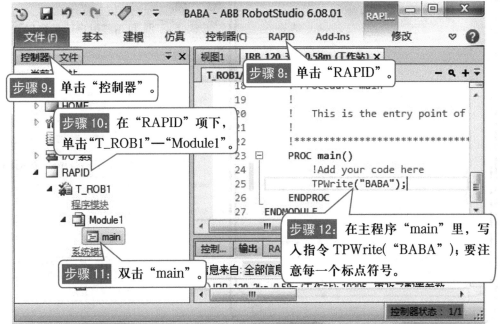

步骤 8：单击 "RAPID"。

步骤 9：单击 "控制器"。

步骤 10：在 "RAPID" 项下，单击 "T_ROB1"—"Module1"。

步骤 11：双击 "main"。

步骤 12：在主程序 "main" 里，写入指令 TPWrite（"BABA"）；要注意每一个标点符号。

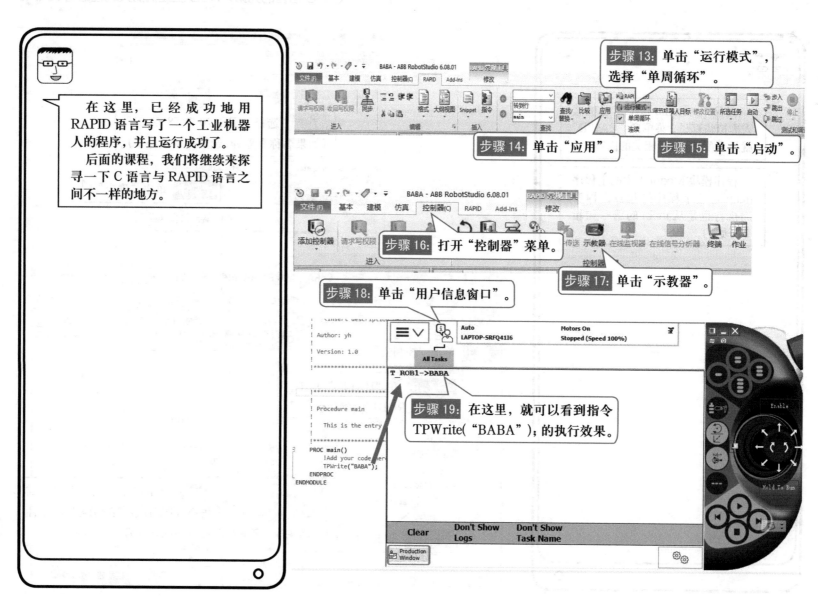

在这里，已经成功地用 RAPID 语言写了一个工业机器人的程序，并且运行成功了。

后面的课程，我们将继续来探寻一下 C 语言与 RAPID 语言之间不一样的地方。

步骤 13：单击"运行模式"，选择"单周循环"。

步骤 14：单击"应用"。

步骤 15：单击"启动"。

步骤 16：打开"控制器"菜单。

步骤 17：单击"示教器"。

步骤 18：单击"用户信息窗口"。

步骤 19：在这里，就可以看到指令 TPWrite("BABA")；的执行效果。

今天学习的内容难度不大，但也要做一些练习题来加强一下印象。

你要做的事情：

1. 分析下图中 C 语言与 RAPID 语言之间的区别。

2. 想在 ABB 工业机器人示教器屏幕上显示 Hello，程序应该怎么写？

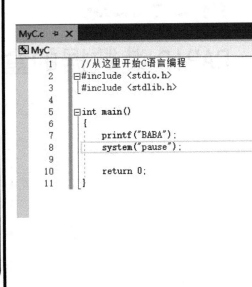

第二十二课

RAPID 装数据的盒子——程序数据

在 C 语言里，我们将装数据的盒子称为变量。常用的变量类型就 4 种：int、float、double、char。

如果有更多的需要，可以通过结构体的方式定制应用需要的变量。

在 ABB 工业机器人的编程语言——RAPID 里，将装数据的盒子称为程序数据。RAPID 的程序数据非常丰富，不仅包含 C 语言的变量类型，而且有很多工业机器人专用的类型。

我们先来看看 C 语言与 RAPID 语言的基本数据类型对比。具体见右边。

 C 语言与 RAPID 语言的基本数据类型的对比：

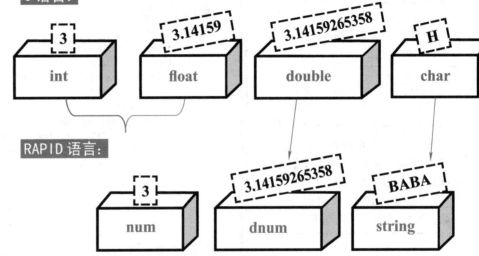

数据类型	名称	用来放什么数据
num	数值型	可以存放整数和小数，负数也可以
dnum	大数值型	存放比 num 大的数值，最大可到 16 位
string	字符串型	字符串，最多 80 个字符

 划重点
- C 语言里的变量，在 RAPID 语言里称为程序数据。

在 RAPID 编程里，使用程序数据之前，一样要先声明程序数据。

在声明程序数据的时候，可以不设定初始值。

在声明 RAPID 的程序数据时，多了一个要设定的参数——存储类型，这个是与 C 语言不一样的地方，是在工业设备中常用的对程序数据进行设定的参数。

右边为 RAPID 声明程序数据的例子及存储类型说明。

RAPID 声明程序数据的例子

示例程序：

```
MODULE Module1
    VAR num nPart:=1;                    ! 声明变量数值型的程序数据 nPart, 初始值为 1
    PERS dnum dnA;                       ! 声明可变量大数值型的程序数据 dnA, 初始值为 0
    CONST string stName:="BABA";        ! 声明常量字符串型的程序数据 stName, 值为 BABA

    PROC main()
        !Add your code here
        TPWrite "The value is:"\Num:=nPart;   ! 在示教器的用户信息窗口显示 nPart 的内容
        TPWrite "The value is:"\Dnum:=dnA;     ! 在示教器的用户信息窗口显示 dnA 的内容
        TPWrite stName;                         ! 在示教器的用户信息窗口显示 stName 的内容
    ENDPROC
ENDMODULE
```

存储类型说明：

标记符	存储类型	说明
VAR	变量	在程序运行中可进行赋值，断电和复位程序指针等会恢复为初始值
PERS	可变量	在程序运行中可进行赋值，断电和复位程序指针等会保持最后赋的值
CONST	常量	在程序数据声明时进行赋值，其他任何时候都不会被修改

划重点

● TPWrite 指令只能将字符串显示，所以其他程序数据类型要通过 TPWrite 显示的话，就需要进行转换，如示例程序中所示。

运行程序——看看程序数据声明的效果：

下面，我们运行一下示例程序的声明效果。具体步骤如右所示。

步骤1：在 Robotstudio 软件，打开在上一课中建立的工作站和工业机器人控制器解决方案。

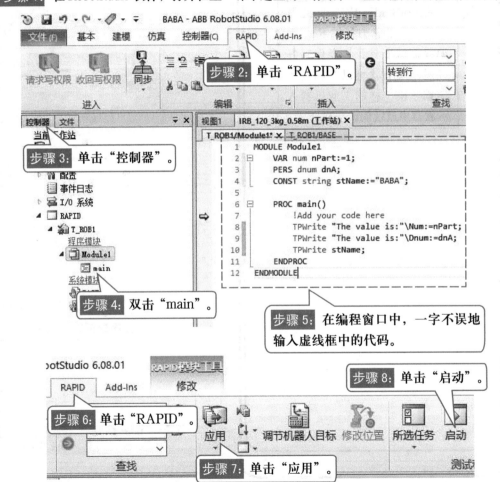

步骤2：单击"RAPID"。

步骤3：单击"控制器"。

步骤4：双击"main"。

步骤5：在编程窗口中，一字不误地输入虚线框中的代码。

```
MODULE Module1
    VAR num nPart:=1;
    PERS dnum dnA;
    CONST string stName:="BABA";

    PROC main()
        !Add your code here
        TPWrite "The value is:"\Num:=nPart;
        TPWrite "The value is:"\Dnum:=dnA;
        TPWrite stName;
    ENDPROC
ENDMODULE
```

步骤6：单击"RAPID"。

步骤7：单击"应用"。

步骤8：单击"启动"。

RobotStudio 是工业机器人的一个非常方便的 RAPID 编程调试工具。只要你写好代码，马上就可以在和真实场景一模一样的工业机器人示教器中进行调试与验证。

运行程序——看看程序数据声明的效果：

步骤 9：单击"控制器"。

步骤 10：单击"控制器"。

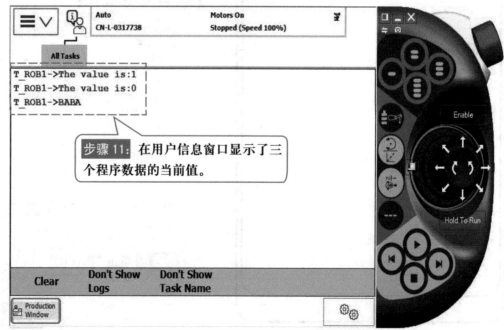

T_ROB1->The value is:1
T_ROB1->The value is:0
T_ROB1->BABA

步骤 11：在用户信息窗口显示了三个程序数据的当前值。

RAPID 语言的新基本数据类型——布尔量 bool

在 C 语言里，一直缺少一种非常好用的变量。这种变量要做的事情很简单，就是将是非题的结果存放起来。其判断的结果叫作布尔量。布尔量的数值只有两个：真（TRUE）或假（FALSE）。

在 RAPID 语言里，增加了布尔量这个程序数据类型，大大方便了编程。

把一个事情讲清楚，可以很简单地回答是或不是，干净利落。RAPID 语言有了布尔量这种程序数据，编程的逻辑也会变得更加简单明了。

在日常生活中： 我们考试的时候有一种题型，叫作是非判断题。

是非判断题：

1. ABB 工业机器人是使用 RAPID 语言进行编程的。　（真）
2. 布尔量是 C 语言变量的一种。　（假）

在 RAPID 编程中： 我们会经常需要对一个对象的状态进行真假的判断或标识。

RAPID 语言：新

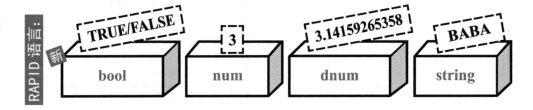

| TRUE/FALSE | 3 | 3.14159265358 | BABA |
| bool | num | dnum | string |

布尔量编程应用例子：

　我们用定时器来控制工业机器人的工作或者休息，工业机器人自己不会计时，声明一个布尔量的程序数据，计时器将状态告诉这个程序数据，当工业机器人判断这个布尔量程序数据为真时，就开始工作了。

只要这个布尔量是 TRUE，我就开始工作。

只要设定的时间到了，我就把这个布尔量设定为TRUE。

bool

划重点

● 大家可能会问，为什么定时器不直接命令工业机器人进行工作，而需要一个布尔量程序数据做中介呢？这样做的好处是，这个布尔量的值还可以给其他设备共用。

这里，我们通过一个简单的例子来看看布尔量程序数据进行真（TRUE）/假（FALSE）的判断结果。

 RAPID 语言的新基本数据类型——布尔量 bool

步骤 1: 在 Robotstudio 软件中，输入以下的程序代码并执行。

示例程序：

```
MODULE Module1
    VAR bool bStatus:=FALSE; ! 声明布尔量程序数据 bStatus，初始值是 FALSE
    PROC main()
        bStatus:= 90>20; ! 判断 90 是否大于 20 的结果，放到程序数据 bStatus 中
        TPWrite "The value is "\Bool:=bStatus; ! 将程序数据 bStatus 的值显示出来
    ENDPROC
ENDMODULE
```

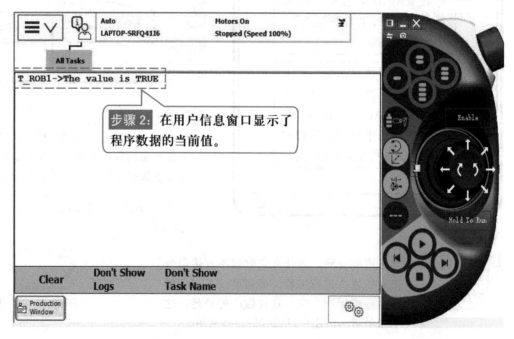

步骤 2: 在用户信息窗口显示了程序数据的当前值。

划重点

● 在 RAPID 语言中进行备注时，只能使用英文字符，不能使用中文，这个要切记！

前面的一个例子中，我们对 90>20 进行了判断，结果当然是真的了。

从这里开始运用运算符！

在右边，我做了一个 C 语言与 RAPID 语言的运算符对比表。大家一看就明白了，原理与意思都没有变，只是表达的符号有一点点区别。

C 语言与 RAPID 语言运算符的对比

运算符	C 语言	RAPID 语言	RAPID 示例
赋值	=	:=	Num:=2233
加	+	+	c := a+b
减	–	–	c := a-b
乘	*	*	c := a*b
除	/	/	c := a/b
等于	==	=	c = a
大于	>	>	A>B
小于	<	<	A<B
大于等于	>=	>=	A>=B
小于等于	>=	>=	A<=B
不等于	!=	<>	A<>B
与	&&	AND	S AND Y
或	||	OR	S OR Y
异或	^	XOR	S XOR Y
非	!	NOT	NOT S

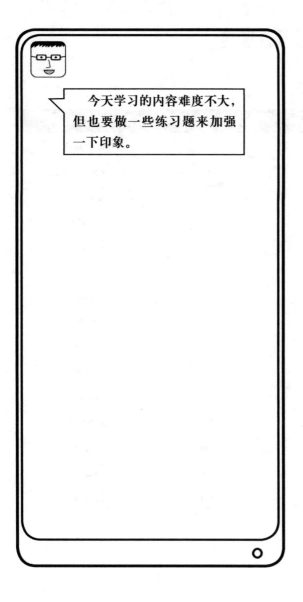

今天学习的内容难度不大，但也要做一些练习题来加强一下印象。

你要做的事情：

1. 在 RobotStudio 中，将下面的 RAPID 程序输入并运行看看有什么问题？

程序：

```
MODULE Module1
    CONST string stName:="BABA";
    PROC main()
        stName:="ABB";
        TPWrite stName;
    ENDPROC
ENDMODULE
```

2. 请说明 VAR、PERS、CONST 存储类型的区别。

3. 请写出 RAPID 语言的四则运算符，并举例子说明。

4. 请写出 RAPID 语言与、或和非的运算符，并举例子说明。

第二十三课

RAPID 程序数据的数组运用

C 语言与 RAPID 语言一维数组的对比

大家还记得在 C 语言里，为了方便管理同类型的大量的变量，我们将变量集合在一起，组成一个数组。

RAPID 语言也可以将同类型的程序数据集合在一起组成一个数组。

C 语言与 RAPID 语言中数组的含义与使用在语法上基本是一样的。但有以下两个方面要注意：

1）元素的标号，RAPID 是从 1 开始的，这个改进更符合使用习惯。

2）语法符号有变化。

右边为 C 语言与 RAPID 语言一维数组的对比。

C 语言的一维数组：

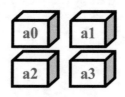

C 语言数组示例：

```
int a[4] = { 1, 2, 3, 4 };    // 声明一个整数型的数组变量 a，一共 4 个元素
a[0] = 11;                     // 对数组变量 a 的第一个元素进行赋值
```

RAPID 语言的一维数组：

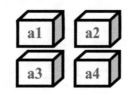

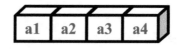

RAPID 语言数组示例：

```
VAR num a{4} := [0,0,0,0]; ! 声明一个变量数值类型的数组程序数据 a，一共 4 个元素
a{1} := 100;               ! 对数据变量 a 的第一个元素进行赋值
```

现在,我们来看看在 RAPID 编程里,是如何使用数组的,右边是一个简单例子。

在这个例子里,将声明、赋值和输出的方式都展示出来了。

在 RAPID 编程中,声明变量数值类型一维数组 a 并对元素 1 赋值为 100

步骤1: 在 Robotstudio 软件中,输入以下的 RAPID 代码。

示例程序:

```
MODULE MainModule
    VAR num a{4}:=[0,0,0,0];              !声明变量数值类型一维数组 a,4 个元素,初始值都为 0
PROC main()
    TPWrite "The value is "\Num:=a{1};    !将数组 a 第一个元素赋值前的值显示出来
    a{1} := 100;                          !对数据变量 a 的第一个元素进行赋值,值为 100
    TPWrite "The value is "\Num:=a{1};    !将数组 a 第一个元素赋值后的值显示出来
ENDPROC
ENDMODULE
```

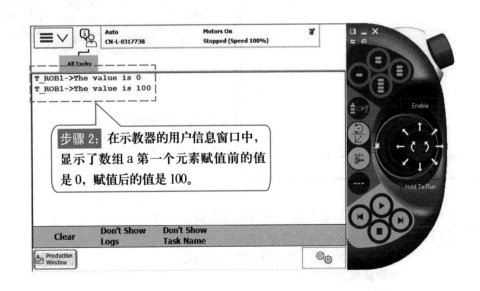

步骤2: 在示教器的用户信息窗口中,显示了数组 a 第一个元素赋值前的值是 0,赋值后的值是 100。

121

使用 RAPID 对工业机器人进行编程时，数组是一个非常好用的工具，它能够将数据用一个更简单的方式进行整理与归类。

这里，我们就用一个记录垛板上圆桶坐标位置的例子来让大家看看一维数组的威力。见右所示。

RAPID 语言的数组只有一维的吗？

当然不是的。在实际的 RAPID 编程里除了用到一维数组，还会用到二维数组和三维数组。

一维数组的应用:

将圆桶在工件坐标系的坐标值用一维数组记录下来，工业机器人就可以根据坐标值来搬这个圆桶了。

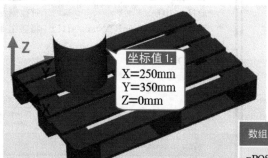

坐标值 1:
X=250mm
Y=350mm
Z=0mm

数组名称	位置点	X/mm	Y/mm	Z/mm
nPOS1{3}	1	250	350	0

一维数组声明示例:

CONST num nPOS1{3}:=[250,350,0]; !声明常量数值型一维数组 POS1，3 个元素 X=250、Y=350、Z=0

划重点

● 在这个用一维数组记录坐标值的例子中，声明时使用了常量 CONST，表示坐标值是固定的，不允许在程序运行过程中被修改。

用数组记录两个位置的坐标数值应该怎么做？

一维数组适合记录一个位置点，当有第二、第三或者更多的位置点时，一维数组就力不从心了。

于是，我们就在原来记录位置点 X、Y 和 Z 的一维数组基础上多加一维，用于记录位置点的数量。即用二维数组来实现多个位置点的坐标记录。

右边为二维数组的应用及示例。

二维数组的应用:

前面的例子是一个圆桶放在垛板上，如果是两个圆桶的坐标数值应该如何记录呢？不用担心，其实就是将两个一维数组记录下来，工业机器人就可以根据坐标值来搬这个圆桶了。

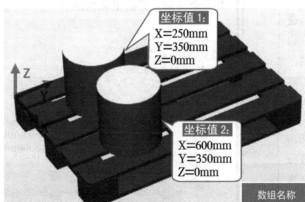

坐标值 1:
X=250mm
Y=350mm
Z=0mm

坐标值 2:
X=600mm
Y=350mm
Z=0mm

数组名称	位置点	X/mm	Y/mm	Z/mm
nPOS2{2，3}	1	250	350	0
	2	600	350	0

二维数组声明示例:

CONST num nPOS2{2,3}:=[[250,350,0],[600,350,0]];
! 声明常量数值型二维数组 nPOS2，大括号中的 2 表示有两个位置点，大括号中的 3 表示每个位置点有 3 个元素 X、Y、Z

划重点

● 请重点注意 RAPID 中数组的语法，特别是符号。

大家是不是已经发现，数组是一个管理程序数据的好工具呀！

这里，要给大家提一个新问题：我们已掌握使用数组进行一层多个位置的坐标数值的记录，如果由一层变成两层，应该如何做呢？

其实也不太复杂，在二维数组的基础上，再加一维，用于记录层数。也就是用三维数组来记录多层多个位置点的坐标数值。

三维数组的应用和示例如右所示。

用三维数组在记录坐标数值时有什么用武之地呢？

三维数组的应用:

我们已经学会了两个圆桶放在垛板上，使用二维数组记录坐标数值的做法。现在，在原来只做一层两个圆桶的基础上，加第二层两个圆桶，这个时候要用到三维数组来记录这一共 4 个圆桶位置的坐标数值了。

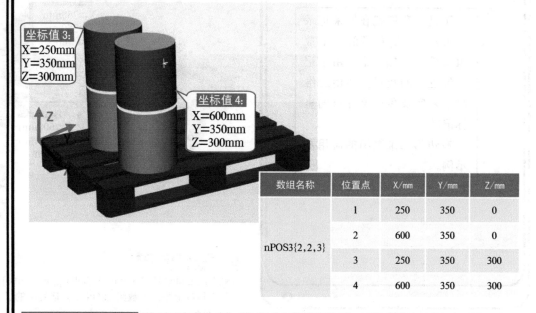

坐标值 3:
X=250mm
Y=350mm
Z=300mm

坐标值 4:
X=600mm
Y=350mm
Z=300mm

数组名称	位置点	X/mm	Y/mm	Z/mm
nPOS3{2,2,3}	1	250	350	0
	2	600	350	0
	3	250	350	300
	4	600	350	300

二维数组声明示例:

```
CONST num nPOS3{2,2,3}:=[[[250,350,0],[600,350,0]],[[250,350,300],[600,350,300]]];
!声明常量数值型三维数组 nPOS3
!在 {} 中，第一个 2 表示有两层，第二个 2 表示每层有两个位置点，3 表示每个位置点有 3 个元素 X、Y、Z
```

今天学习的内容难度不大，但也要做一些练习题来加强一下印象。

你要做的事情：

1. 请用 RAPID 语言写出左图中记录圆桶坐标数值的数组。
2. 请用 RAPID 语言写出右图中记录圆桶坐标数值的数组。
3. 请用 RAPID 语言写出表中记录圆桶坐标数值的数组。

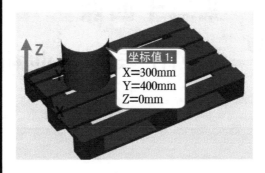

坐标值1:
X=300mm
Y=400mm
Z=0mm

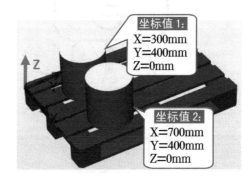

坐标值1:
X=300mm
Y=400mm
Z=0mm

坐标值2:
X=700mm
Y=400mm
Z=0mm

数组名称	位置点	X/mm	Y/mm	Z/mm
nPOS3{2,2,3}	1	300	400	0
	2	700	400	0
	3	300	400	400
	4	700	400	400

第二十四课

RAPID 专有工业机器人用程序数据

C 语言原有的变量类型，并不足以应对工业机器人应用的需求。比如，用一个程序数据来表达工业机器人的坐标数值 X、Y 和 Z，用数组的方式当然可以解决，考虑到这是常用的程序数据类型，RAPID 就创造了一个叫 pos 的程序数据来记录坐标数值 X、Y 和 Z。

在右边这个例子中，能够看到 RAPID 语言通过专有的程序数据提供了很多更便捷的数据操作。如在对 X、Y 和 Z 的批量或单个赋值时会更方便，也更清晰。

RAPID 语言专有程序数据示范及说明：

数组与 pos 程序数据的示例：

```
MODULE Module1
    VAR num nPOS1{3}:=[0,0,0];  !用数组的方式记录坐标数值
    VAR pos pos1:=[0,0,0];          !RAPID 专有的记录坐标数值的程序数据 pos 类型

    PROC main()
        pos1:=[100,230,35];    !将坐标数值记录到 pos1，其中 X=100mm、Y=230mm 和 Z=35mm
        TPWrite "The pos is "\Pos:=pos1;  !在用户信息窗口将程序数据 pos1 的值显示出来
        pos1.x:=150;  !将 pos1 的 X 的值更新为 150mm
        TPWrite "The X is "\Num:=pos1.x;!在用户信息窗口将程序数据 pos1 的 X 值显示出来
    ENDPROC
ENDMODULE
```

程序数据 pos 的说明：

1）数据类型 pos 用于描述 X、Y 和 Z 位置的坐标数值。
2）数据类型 pos 拥有以下组成部分：
① x：数据类型为 num，表示位置的 X 值。
② y：数据类型为 num，表示位置的 Y 值。
③ z：数据类型为 num，表示位置的 Z 值。

划重点

● RAPID 语言专有的程序数据都是由基本的程序数据类型组成的。比如，pos 中的三个数据类型都是 num。

跟我一起掌握对程序数据进行声明和应用的操作

pos 类型程序数据的应用程序：

```
MODULE Module1
    VAR pos pos1:=[0,0,0];          !RAPID 专有的记录坐标数值的程序数据 pos 类型

    PROC main()
        pos1:=[100,230,35];    ! 将坐标数值记录到 pos1，其中 X=100mm、Y=230mm 和 Z=35mm
        TPWrite "The pos is "\Pos:=pos1;    ! 在用户信息窗口将程序数据 pos1 的值显示出来
        pos1.x:=150;    ! 将 pos1 的 X 值更新为 150mm
        TPWrite "The X is "\Num:=pos1.x;! 在用户信息窗口将程序数据 pos1 的 X 值显示出来
    ENDPROC
ENDMODULE
```

具体操作如下：

下面就以程序数据 pos 为例，来看看在实际中其是如何运用的。

在这里，我们分三步来完成这个程序：

1）声明一个 pos 类型的程序数据 pos1。

2）对 pos1 进行重新赋值后显示出来。

3）对 pos1 的 X 坐标进行单独赋值后显示出来。

接下来就跟着我一起做吧！

步骤 1：在编程窗口中，一字不误地输入虚线框中的代码。

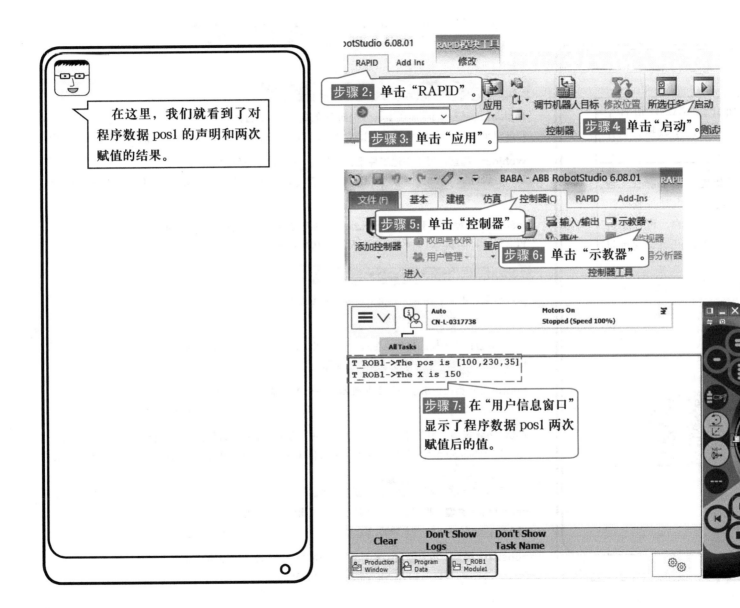

在这里，我们就看到了对程序数据 pos1 的声明和两次赋值的结果。

步骤 2：单击"RAPID"。

步骤 3：单击"应用"。

步骤 4：单击"启动"。

步骤 5：单击"控制器"。

步骤 6：单击"示教器"。

T_ROB1->The pos is [100,230,35]
T_ROB1->The X is 150

步骤 7：在"用户信息窗口"显示了程序数据 pos1 两次赋值后的值。

下面介绍 RAPID 语言中常用的专有程序数据。具体见右边。

如果想更多地了解在工业机器人的编程中是如何运用这些程序数据的，可以访问以下的这个腾讯课堂网址进行学习：

http://jqr.ke.qq.com。

RAPID 语言常用的专有程序数据有哪些？

工业机器人程序肯定会用到的三个程序数据：

tooldata 类型：用于描述工具（例如焊枪或夹具）的特征。
PERS tooldata gripper := [TRUE, [[97, 0, 223], [0.924, 0,0.383 ,0]], [5, [23, 0, 75], [1, 0, 0, 0], 0, 0, 0]];

wobjdata 类型：用于描述工件坐标的位置，提高编程便利性。
PERS wobjdata wobj2 :=[FALSE, TRUE, "", [[300, 600, 200], [1, 0,0 ,0]], [[0, 200, 30], [1, 0, 0 ,0]]];

loaddata 类型：用于描述工业机器人工具或夹具上工件的重量与重心情况。
PERS loaddata piece1 := [5, [50, 0, 50], [1, 0, 0, 0], 0, 0, 0];

工业机器人坐标值相关的程序数据：

pos 类型：用于描述 X、Y 和 Z 位置的坐标数值。
VAR pos pos1:= [500, 0, 940];

pose 类型：用于描述包含坐标旋转方向 X、Y 和 Z 位置的坐标数值。
PERS pose pose1:=[[140,255,20],[1,0,0,0]];

jointtarget 类型：用于描述工业机器人各个关节轴和外轴的角度数值。
CONST jointtarget calib_pos1 := [[0, 0, 0, 0, 0, 0], [0, 9E9,9E9, 9E9, 9E9, 9E9]];

robtarget 类型：用于描述工业机器人坐标、方向、配置和外轴的位置数据。
CONST robtarget p15 := [[600, 500, 225.3], [1, 0, 0, 0], [1, 1,0, 0], [11, 12.3, 9E9, 9E9, 9E9, 9E9]];

工业机器人运动时要用的程序数据：

speeddata 类型：用于描述工业机器人及外轴运动时的速度。
PERS speeddata vFast := [3000, 30, 200, 15];

zonedata 类型：用于描述工业机器人运动过程中，转弯半径的设定。
PERS zonedata path := [FALSE, 25, 40, 40, 10, 35, 5];

今天学习的内容难度不大，但也要做一些练习题来加强一下印象。

你要做的事情：

1. 声明一个 pos 类型的程序数据 pos2。

2. 对 pos2 进行重新赋值后显示出来。

3. 对 pos2 的 Y 坐标进行单独赋值后显示出来。

第二十五课

在 RAPID 里创建程序数据类型

C 语言结构体类型变量的复习

大家还记得吗？C 语言里有一种变量叫作结构体类型。

结构体类型变量就是将不同数据类型根据需要组成一个新的变量。

在 C 语言里，我们做了一个用于记录房租数据的结构体类型变量。具体见右边。

结构体类型变量：将不同数据类型根据需要组合成一个新的变量。

房间费用明细	
姓名	char
总费用	float
水费	float
电费	float
房租	float

for 循环控制语句：

```
struct RoomFee // 定义一个叫 RoomFee 的结构体类型变量
{
    char cName[20];// 声明一个存放姓名的字符型数组 cName, 可存放 20 个字符
    float fWater;// 声明一个存放水费的浮点型变量 fWater
    float fElectric;// 声明一个存放电费的浮点型变量 fElectric
    float fRent;// 声明一个存放房租的浮点型变量 fRent
    float fTotal;// 声明一个存放总费用的浮点型变量 fTotal
};
```

RAPID 语言本身就自带了很多专有的程序数据，可提供很多更便捷的数据操作。

但是，客户总会有个性化的需求，所以 RAPID 语言也提供了结构体类型数据来满足个性化的需要。

这里刚好遇到一个问题，我们用 RAPID 的结构体类型数据来解决。具体见右边。

用 RAPID 的结构体类型来解决一个问题

问题：为了更详细地描述黄色圆桶的特征，希望能用一个程序数据来记录圆桶的坐标数值和高度。

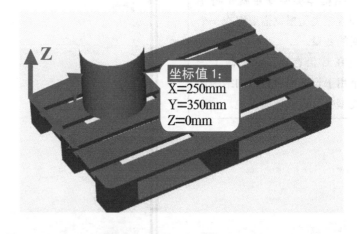

坐标值 1：
X=250mm
Y=350mm
Z=0mm

num	pos		
height/mm	x/mm	y/mm	z/mm
300	250	350	0

创建一个叫 hp 的结构体类型

其由两个元素构成：
① 数据类型 num，用于描述圆桶的高度，元素名字为 height。
② 数据类型 pos，用于描述圆桶的坐标数值，元素名字为 position。

在 RAPID 编程时，使用结构体类型的一般流程如下：

1）确定要包括的元素，如本例子中圆桶的高度与坐标数值。

2）创建结构体类型。

3）声明这个结构体类型的程序数据。

4）在程序中对这个结构体类型的程序数据进行使用。

创建与应用结构体类型程序数据 hp 的示例见右所示。

用 RAPID 的结构体类型来解决一个问题

创建与应用结构体类型程序数据 hp 的示例:

```
MODULE MainModule
    RECORD hp              !定义一个叫 hp 的结构体类型
        num height;        !第一个元素是 num 类型的 height, 用于记录圆桶的高度
        pos position;      !第二个元素是 pos 类型的 position，用于记录圆桶的坐标数值
    ENDRECORD              !与 RECORD 对应的结束标志
    PERS hp tong1:=[300,[250,350,0]];
    ! 声明 hp 结构体类型的可变量 tong1, 用于记录圆桶的高度与坐标数值
    PROC main()
        TPWrite "The height is "\Num:=tong1.height;  !显示圆桶的高度值
        TPWrite "The pos is "\Pos:=tong1.position;    ! 显示圆桶的坐标数值
    ENDPROC
ENDMODULE
```

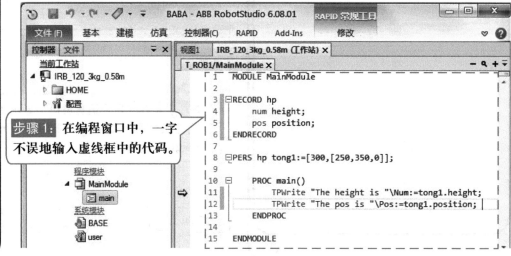

步骤1：在编程窗口中，一字不误地输入虚线框中的代码。

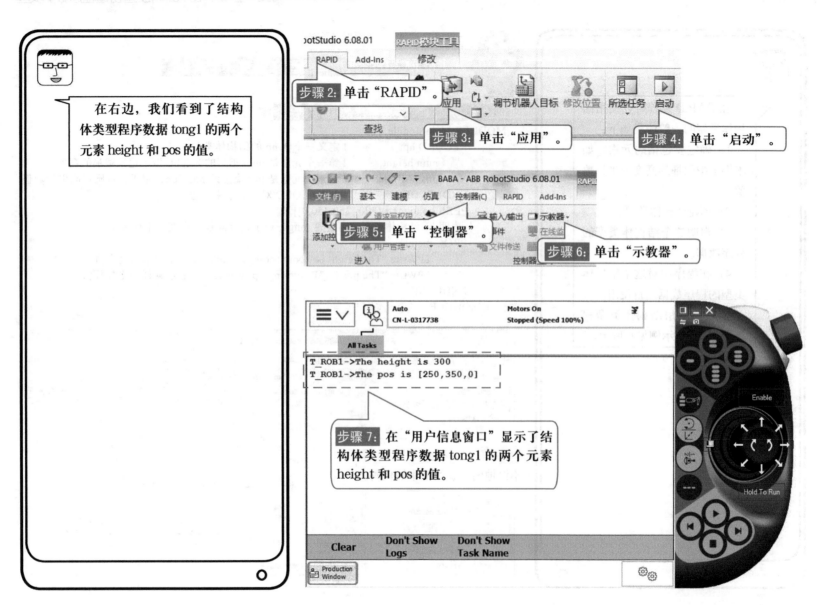

在右边，我们看到了结构体类型程序数据 tong1 的两个元素 height 和 pos 的值。

RAPID 模块工具

RAPID   Add-Ins   修改

步骤 2：单击 "RAPID"。

步骤 3：单击 "应用"。

步骤 4：单击 "启动"。

调节机器人目标 修改位置 所选任务 启动

查找

BABA - ABB RobotStudio 6.08.01

文件 (F)   基本   建模   仿真   控制器(C)   RAPID   Add-Ins

步骤 5：单击 "控制器"。

步骤 6：单击 "示教器"。

Auto
CN-L-0317738

Motors On
Stopped (Speed 100%)

All Tasks

T_ROB1->The height is 300
T_ROB1->The pos is [250,350,0]

步骤 7：在 "用户信息窗口" 显示了结构体类型程序数据 tong1 的两个元素 height 和 pos 的值。

Enable

Hold To Run

Clear   Don't Show Logs   Don't Show Task Name

Production Window

结构体类型程序数据的优势是能够按照需要定制数据类型。

但一般来说，我们应该尽量使用系统默认的类型，在确实没有合适使用的类型后再使用结构体类型，这样才能够提高程序的兼容性与可读性。

右边介绍了使用结构体类型程序数据的技巧。

进一步使用结构体类型程序数据的技巧

1. 对其中的一个元素进行赋值应该如何操作

以前面创建的结构体类型 hp 为例，将元素 height 的值改为 350。

程序示范：

```
MODULE MainModule
    RECORD hp
        num height;
        pos position;
    ENDRECORD
    PERS hp tong1:=[300,[250,350,0]];

    PROC main()
        TPWrite "The height is "\Num:=tong1.height;  !显示圆桶的高度值
        tong1.height:=350;  !对元素 height 赋值为 350
        TPWrite "The height is "\Num:=tong1.height;  !显示圆桶新的高度值
    ENDPROC
ENDMODULE
```

2. 对整个结构体类型的程序数据进行赋值

赋值是对整个数据进行，改变要改变的数据，不改的将原有数据填入即可。

程序示范：

```
MODULE MainModule
    RECORD hp
        num height;
        pos position;
    ENDRECORD
    PERS hp tong1:=[300,[250,350,0]];
    PROC main()
        tong1:=[350,[260,360,5]];  !对整个程序数据 tong1 进行赋值
    ENDPROC
ENDMODULE
```

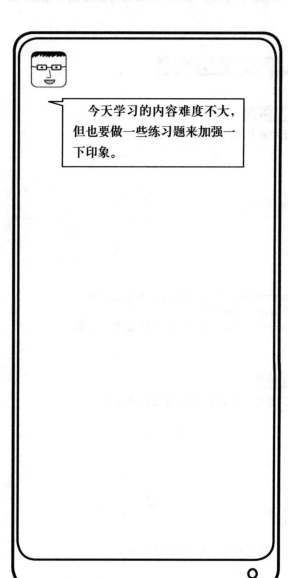

今天学习的内容难度不大，但也要做一些练习题来加强一下印象。

你要做的事情：

1. 请将下面的程序 1 输入 RobotStudio 后调试运行。
2. 请看看程序 2 错在哪里了，请修正后输入 RobotStudio 中测试运行。

程序 1：

```
MODULE MainModule
    RECORD hp
        num height;
        pos position;
    ENDRECORD
    PERS hp tong1:=[300,[250,350,0]];

    PROC main()
        TPWrite "The height is "\Num:=tong1.height;  ！显示圆桶的高度值
        tong1.height:=350; ！对元素 height 赋值为 350
        TPWrite "The height is "\Num:=tong1.height;  ！显示圆桶新的高度值
    ENDPROC
ENDMODULE
```

程序 2：

```
MODULE MainModule
    RECORD hp
        bool height;
        pos position;
    ENDRECORD
    PERS hp tong1:=[300,[250,350,0]];
    PROC main()
        tong1:=[350,[260,360,5]];  ！对整个程序数据 tong1 进行赋值
    ENDPROC
ENDMODULE
```

第二十六课

程序指令——程序数据的厨师

程序指令是如何使用程序数据的

厨师：将食材烹饪成客人所点的菜。

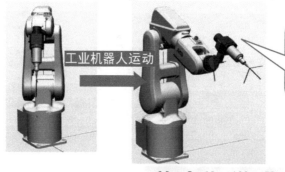

工业机器人运动

程序指令：将需要的程序数据组织起来，工业机器人就知道应该如何运动了。

无论是学习 C 语言还是 RAPID 语言，我们都花了不少的时间学习变量与数据。

C 语言的变量是为函数提供操作的对象。

在 RAPID 语言里，程序数据是为程序指令提供支持的。

我们先来看看饭店里的厨师是如何工作的。首先，客人点菜后，厨师根据要做的菜选择所需的食材，然后将食材进行烹饪处理，做好后给客人品尝。

如果将食材比喻成 RAPID 语言的程序数据，那么厨师就是 RAPID 语言的指令。程序指令会挑选需要的程序数据，实现工业机器人的控制。

我们就以控制工业机器人关节运动指令 MoveJ 为例来具体讲解，如右所示。

MoveJ p10, v100, z50, tool1\WObj:=wobj1;
! 程序指令 MoveJ，控制工业机器人的关节运动
!p10 是 robtarget 类型数据，表示工业机器人运动目标点
!v100 是 speeddata 类型数据，表示工业机器人运动速度
!z50 是 zonedata 类型数据，表示工业机器人运动转弯半径
!tool1 是 tooldata 类型数据，表示工业机器人当前使用的工具
!wobj1 是 wobjdata 类型数据，表示工业机器人当前工件坐标

RAPID 语言中自带的程序指令有 346 个，程序数据有 101 个。

指令与数据就是按照规定进行组合使用的。

下面通过常用工业机器人运动控制指令详细说明指令与数据的组合应用及示例，具体见右边。

RAPID 语言常用的工业机器人运动控制程序指令

工业机器人运动控制常用程序指令：

MoveAbsJ: 通过指定工业机器人关节轴和外轴的角度，控制工业机器人的运动。如：MoveAbsJ p50, v1000, z50, tool2;。

MoveC: 工业机器人控制安装在法兰上工具的 TCP 点，沿圆周进行运动。如：MoveC p1, p2, v500, z30, tool2;。

MoveJ: 控制工业机器人从当前位置运动到目标点。如：MoveJ p1, vmax, z30, tool2;。

MoveL: 控制工业机器人从当前位置沿直线运动到目标点。如：MoveL p1, v1000, z30, tool2;。

程序示例：

MoveL p1, v200, z10, tool1\Wobj:=wobj1;
! 工业机器人的 TCP 从当前位置向 p1 点以线性运动方式前进，速度是 200mm/s，转弯区数据是 10mm，距离 p1 点还有 10mm 时开始转弯，使用的工具数据是 tool1，工件坐标数据是 wobj1

MoveL p2, v100, fine, tool1\Wobj:=wobj1;
! 工业机器人的 TCP 从 p1 向 p2 点以线性运动方式前进，速度是 100mm/s，转弯区数据是 fine，工业机器人在 p2 点稍作停顿，使用的工具数据是 tool1，工件坐标数据是 wobj1

MoveJ p3, v500, fine, tool1\Wobj:=wobj1;
! 工业机器人的 TCP 从 p2 向 p3 点以关节运动方式前进，速度是 100mm/s，转弯区数据是 fine，工业机器人在 p3 点停止，使用的工具数据是 tool1，工件坐标数据是 wobj1

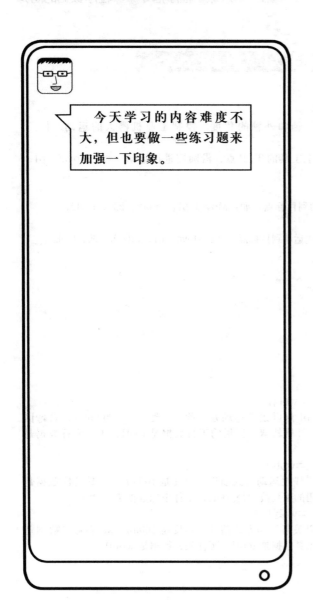

今天学习的内容难度不大，但也要做一些练习题来加强一下印象。

你要做的事情：

1. 请总结一下程序指令与程序数据的关系。

2. 请列出 RAPID 语言中，常用的工业机器人运动控制指令。

第二十七课

RAPID 语言的编程逻辑

大家还记得 C 语言里的编程逻辑结构吗？有如下三种：

1）顺序结构。

2）条件控制结构。

3）循环控制结构。

这是计算机编程语言最经典的逻辑结构。

RAPID 语言竟然想都不想就全盘接收了 C 语言的编程逻辑结构，但做了一些优化，以适应工业机器人控制的需要。下面就来看看两种语言的各种编程逻辑结构的区别到底在哪里。

顺序结构的对比

什么是顺序结构？

按照解决问题的步骤一步步地将程序语句写下来，然后顺序执行，这就是顺序结构。

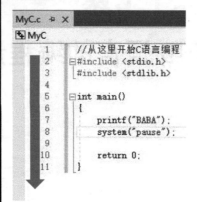

C 语言

```
MyC.c  ⊅ ×
 MyC
1        //从这里开始C语言编程
2      ⊟#include <stdio.h>
3       #include <stdlib.h>
4
5      ⊟int main()
6       {
7           printf("BABA");
8           system("pause");
9
10          return 0;
11      }
```

RAPID 语言

```
T_ROB1/Module1 ×
1     MODULE Module1
2     !*****************************
3     ! Module:  Module1
4     ! Description:
5     !   <Insert description here>
6     ! Author: yelaoshi
7     ! Version: 1.0
8     !*****************************
9
10 ⊟   PROC main()
11        !Add your code here
12        TPWrite "BABA";
13    ENDPROC
14    ENDMODULE
```

条件控制结构的对比

大家来看看条件控制结构的对比。C 语言与 RAPID 语言的 if 条件控制结构有什么区别呢？

我发现的区别有以下两点
1）字符大小写不一样。
2）指令的表达方式不一样。
大家有更多的发现吗？

这样的区别到底谁更好呢？我也说不清楚，这个可能只有找到 RAPID 语言的发明者问一下，才能知道当时他是怎么想的。

对于我们使用者来说，掌握其基本的原理即可，语法的差异只能说一句：习惯就好。

什么是条件控制结构？

按照是否达到执行条件为依据，选择对应的分支执行程序语句的控制，这就是条件控制结构。

C 语言里的 if 和 switch 对应 RAPID 语言里的 IF 和 TEST。

C 语言的 if-else 语句语法格式：

```
if（条件）// 如果（  ）中的条件为真，就执行 { } 里的语句
{
    语句 1；
    语句 2；
    ⋮
}
else // 如果（  ）中的条件为假，就执行 { } 里的语句
{
    语句 3；
    语句 4；
    ⋮
}
```

RAPID 语言 IF-ELSE 语句语法格式：

```
IF 条件 THEN ! 如果条件为真，就执行下面的语句
    语句 1；
    语句 2；
ELSE          ! 如果条件为假，就执行下面的语句
    语句 1；
    语句 2；
ENDIF
```

这些编程语言的区别，也有可能是编程语言的发明者，对一个意思用什么英语单词来表达有不同的感受。比如 RAPID 语言的发明者是瑞典人，母语并不是英语。所以，对英语单词的理解必然会掺杂着瑞典语的元素在里面。

中文里的开心与高兴，请大家发挥一下，两者之间的区别大吗？

条件控制结构的对比

C 语言的 switch 语句语法格式：

```
int a=2;
switch (a)// 判断整数型变量 a 的结果，然后对应 case 后的数字
{
    case 1:// 当 a 等于 1 时，就执行以下的语句
        语句 1；
        ⋮
        break;// 结束 case 1 的执行，继续执行 switch 后面的语句
    case 2:// 当 a 等于 2 时，就执行以下的语句
        语句 1；
        ⋮
        break;// 结束 case 2 的执行，继续执行 switch 后面的语句
default:// 当 a 的值不在列出的 case 中时，则执行以下的语句
        语句 1
        ⋮
        break;// 结束 default 的执行，继续执行 switch 后面的语句
}
```

RAPID 语言 TEST 语句语法格式：

```
PERS a:=2;
TEST a                    // 判断数值型数据 a 的结果，然后对应 CASE 后的数字
    CASE 1:               // 当 a 等于 1 时，就执行以下的语句
        routine1;
    CASE 2：              // 当 a 等于 2 时，就执行以下的语句
        routine2;
DEFAULT：                 // 当 a 的值不在列出的 case 中时，则执行以下的语句
    TPWrite "Error";
    Stop;
ENDTEST
```

循环控制结构的语句，C 语言与 RAPID 语言之间的区别不大，只是大小写的区别。具体见右所示。

循环控制结构的对比

C 语言的 while 语句语法格式：

while（表达式）
// 表达式的运算结果是真（TRUE）的话，就一直执行 { } 中的语句
{
    语句 1;
    ⋮
}

RAPID 语言 WHILE 语句语法格式：

WHILE 表达式 DO ! 当 "表达式" 的值为真，则一直执行 "语句 1"
    语句 1;
ENDWHILE

C 语言的 for 语句语法格式：

for (int i = 1; i < 数值 ; i++) // 循环条件满足就执行 { } 中的语句
{
  语句 1;
    ⋮
}

// 循环条件由三部分总成：
// 第一部分：int i=1 表示记录实际循环次数的是整数型的变量，一般会用 i 为变量名字，初始次数为 1
// 第二部分：i< 数值，设定循环的次数，实际循环次数 i 的值等于数值的话，就跳出 for 循环
// 第三部分：i++，每循环一次，i 就会加 1

RAPID 语言 FOR 语句语法格式：

FOR i FROM 1 TO 10 DO ! 在 FOR 循环中，i 每循环一次就加 1，执行 routine1，直到 i 的值到 10 结束循环
    routine1;
ENDFOR

今天学习的内容难度不大，但也要做一些练习题来加强一下印象。

你要做的事情：

1. 请问 RAPID 语言有哪几种编程逻辑结构？
2. 请列出 RAPID 语言中，条件控制结构的语句。
3. 请列出 RAPID 语言中，循环控制结构的语句。

第二十八课

RAPID 语言的程序结构

复习一下：C 语言的程序结构

如果用一句话来描述 C 语言的程序结构，可以是这样子的：由一个或多个函数按照一定的顺序组成，其中一定会有一个函数名为 main 的主函数。C 语言程序中的函数是指完成特定数据处理任务、功能上独立的一个程序段。

C 语言的程序结构说明：

程序中一定会有一个主程序 main，所有函数的执行都要按照一定的逻辑顺序放到主函数 main 中运行。函数 Calculator 的功能是两个浮点数的相加，函数 Calculator 被主函数 main 调用并执行。

程序
main
Calculator

C 语言程序结构示范：

```c
#include<stdio.h>
#include<stdlib.h>
float Calculator(float a,float b)
{
    return a+b;
}
int main()
{
    float fResult;
    fResult = Calculator(2,1);
    printf(" 计算结果是：%f", fResult);
    system("pause");
    return 0;
}
```

RAPID 语言一如既往地继承了 C 语言的程序结构原理，并在其基础上做了一些改造。RAPID 语言程序结构的具体说明见右所示。

RAPID 语言的程序结构

1. RAPID 语言的程序结构说明

RAPID 语言的程序由程序模块与系统模块组成，系统模块主要存放系统默认的数据与设置。我们重点来讲解一下经常打交道的程序模块。

2. 程序模块说明 —— 基本结构

程序数据与主程序 main 是构成程序模块的最基本元素，主程序是程序的开始，根据控制的需要对例行程序进行调用。

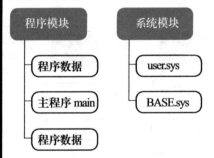

程序模块示范：

```
MODULE MainModule ! 程序模块的名字
VAR num a:=100;
    PROC main() ! 主程序
        a:=100+100;
        rAtoB; ! 调用例行程序 rAtoB
    ENDPROC

    PROC rAtoB() ! 例行程序 rAtoB
        MoveJ *, v10, z50, tool0;
    ENDPROC
ENDMODULE
```

划重点
- 例行程序 rAtoB 中，指令 MoveJ 中使用的 * 表示一个无定义名字的位置数值，而 v10、z50 和 tool0 是系统默认的程序数据，所以无须声明。

RAPID 语言的程序结构

一个程序可被重复使用，不但让编程更简便和易于理解，同时也可降低工程师的工作量，何乐而不为。

在 RAPID 语言中，通过带参数的例行程序这种方式，使得一段程序代码可以重复使用。具体说明见右所示。

3. 程序模块说明 —— 带参数的例行程序

我们希望在调用例行程序时，向例行程序传递一个数据，这样就可以在不同数据的情况下都可以重复调用这个例行程序，这种程序叫作带参数的例行程序。

4. 做个显示功率的例行程序

我们需要一个显示功率的例行程序，每次输入当前的电流检测值，就可进行功率计算并显示出来。已知功率的公式是 $P=UI$，$U=380V$，为了在 I 为参数的情况下，这个例行程序还可以重复被使用，带参数的例行程序就是最好的选择。

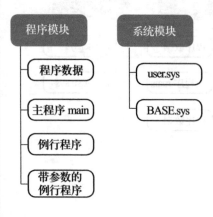

程序模块示范：

```
MODULE MainModule !
PERS num A:=0; ! 程序数据 A，记录电流检测值
    PROC main()
        A:=2; ! 将电流值赋值给程序数据 A
        rPower A; ! 调用 rPower，并将 A 的数值传送进去
    ENDPROC
    PROC rPower(num a) ! 设定接收参数的程序数据 a
        VAR num p:=0;
        ! 声明数值型程序数据 p，用于存放功率数据
        p:=380*a;
        !P=UI，380 是电压，a 由传送的参数决定
        TPWrite "The power is "\Num:=p; ! 显示功率结果
    ENDPROC
ENDMODULE
```

功能（FUNC），实际上就是为带参数的例行程序增加了一个将运算结果返回的能力。具体说明见右所示。

RAPID 语言的程序结构

5. 程序模块说明 —— 功能

向例行程序传递一个数据后，再返回一个结果。这种情况下，带参数的例行程序就没有办法满足了。我们要通过创建"功能"来实现向一个例行程序输入参数然后返回结果。

6. 做个计算功率的功能

我们之前用带参数的例行程序实现了功率的显示。如果想将功率作为结果返回到主程序里做其他的运算，这时候就需要使用功能来实现了。

```
程序模块          系统模块

程序数据          user.sys

主程序 main       BASE.sys

例行程序

带参数的
例行程序

功能
```

程序模块示范：

```
MODULE MainModule !
VAR num A:=2;
VAR num P:=0; ! 程序数据 P，用于记录功率值

  FUNC num Power(num a) ! 创建一个功能 Power
  ! 接收参数的数值型程序数据 a, 返回结果的类型是数值型
    VAR num p:=0;
    p:=380*a;
    TPWrite "The power is "\Num:=p;
    RETURN p; ! 将运算的结果返回
  ENDFUNC

  PROC main()
    A:=2;
    P:=Power(A); ! 将程序数据 A 的值输入功能 Power，然后
将返回值赋值给程序数据 P
  ENDPROC
ENDMODULE
```

今天学习的内容难度不大，但也要做一些练习题来加强一下印象。

你要做的事情：

1. 请将程序模块 1 输入 RobotStudio 中调试运行一下。
2. 请将程序模块 2 输入 RobotStudio 中调试运行一下。
3. 请将程序模块 3 输入 RobotStudio 中调试运行一下。

程序模块 1：

```
MODULE MainModule
VAR num a:=100;
    PROC main()
        a:=100+100;
        rAtoB;
    ENDPROC
    PROC rAtoB()
        MoveJ *, v10, z50, tool0;
    ENDPROC
ENDMODULE
```

程序模块 3：

```
MODULE MainModule
VAR num A:=2;
VAR num P:=0;
    FUNC num Power(num a)
        VAR num p:=0;
        p:=380*a;
        TPWrite "The power is "\Num:=p;
        RETURN p;
    ENDFUNC
    PROC main()
        A:=2;
        P:=Power(A);
    ENDPROC
ENDMODULE
```

程序模块 2：

```
MODULE MainModule !
PERS num A:=0;
    PROC main()
        A:=2;
        rPower A;
    ENDPROC
    PROC rPower(num a)
        VAR num p:=0;
        p:=380*a;
        TPWrite "The power is "\Num:=p;
    ENDPROC
ENDMODULE
```

第二十九课

快速上手一种工业用新编程语言 ST 的方法

本书一开始，我们从零基础学习了 C 语言，因为 C 语言是最经典的、自动化应用最多的面向过程的编程语言。然后，我们体验了在掌握 C 语言后，快速入门工业机器人控制的 RAPID 语言的过程。

通过 C 语言与 RAPID 语言的对比，大家应该发现了以下的特点：
1) 都是基于面向过程的编程，在数据、算法方面的法则都是相通的。
2) 不同点主要在于对同一个对象的表述有所不同。比如 C 语言里的变量，在 RAPID 语言里叫作程序数据。
3) 如果以 C 语言为参照的话，RAPID 语言还根据工业机器人的控制需要增加了新的特性、指令和功能，以满足实际的应用。

有了前面的基础，请大家跟着我按照一定的套路，快速入门工业智能设备 PCC 的编程语言——ST 语言。
具体内容见右边。

ST 语言快速认知

什么是 ST 语言？

结构化文本／结构式文件编程语言也称为 ST (Structured text) 语言，是为可编程序逻辑控制器 (PLC) 设计的编程语言，是相关的 IEC 61131-3 标准中支持几种语言之一。

为什么要用 ST 语言？

ST 语言具有如下特点：
1) 通用性，符合面向过程编程语言的特征，包括变量、运算符、函数及程序结构。
2) 简易性，完美实现原来梯形图难以实现的功能，并且程序清晰易懂。
3) 移植性，不单能被 PLC 全面兼容，并且更高端的 PCC 提供 ST 语言的运行环境。

学会 ST 语言对机电工程师的好处是什么？

1) 只要有 C 语言的基础，就可以快速入门 ST 语言。
2) 轻松搞定梯形图难以实现的功能，使工作更轻松。
3) 掌握一种语言通吃不同品牌的 PLC，不用跟不同品牌 PLC 互不兼容的梯形图纠缠了。

下面我们详细讲解 ST 语言的知识。无论学习哪一种编程语言，都是从了解变量开始的。ST 语言当然也不例外。ST 语言的变量类型见右所示。

Step1：ST 语言有哪些变量类型

ST 语言的变量类型： ST 语言的变量类型，都是根据智能设备逻辑控制的需要进行定义的，侧重于各种类型的数值和时间类型。

数据类型	表达符	赋值范围
布尔型（位）	BOOL	TRUE/FALSE
字节型	BYTE	0 ～ 255
字型	WORD	0 ～ 65536
双字型	DWORD	0 ～ 4294967296
短整型数	SINT	−128 ～ 127
无符号短整型数	USINT	0 ～ 255
整数型	INT	−32768 ～ 32767
无符号整型数	UINT	0 ～ 65536
长整数型	DINT	−2147483648 ～ 2147483647
无符号长整型数	UDINT	0 ～ 4294967295
浮点型	REAL	−4.03E+37 ～ 4.03E+37
长浮点型	LREAL	−1.7976931348623158E+308 ～ 1.7976931348623158E+308
字符串型	STRING	1 ～ 255
时间型	TIME	0 ～ 4194967295ms
日期型	DATE	1970−00−00 ～ 2106−02−06
日期时间型	DT	1970−00−00−00：00：00 ～ 2106−02−06−06：28：15

Step2: ST 语言中的变量是如何声明的

ST 语言的变量跟 RAPID 语言一样, 有一些工业领域的特定设定。比如, 掉电保持属性。ST 语言中的变量声明见右所示。

更具体的内容可以参考对应的说明书。

以贝加莱的 X20PCC 为例, 介绍使用 ST 语言编程如何声明变量:

在软件 Automation Studio 里, 提供了非常便捷的变量声明功能, 在以下的界面中, 就能快速地进行变量的声明。

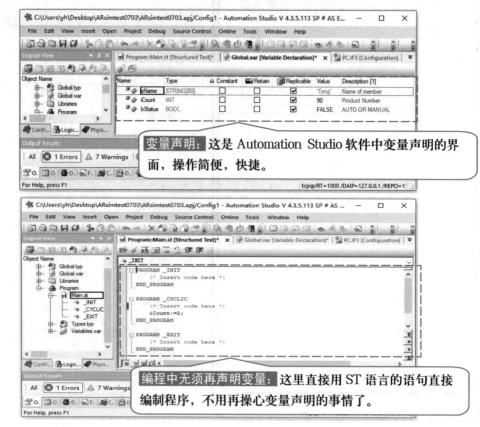

变量声明: 这是 Automation Studio 软件中变量声明的界面, 操作简便, 快捷。

编程中无须再声明变量: 这里直接用 ST 语言的语句直接编制程序, 不用再操心变量声明的事情了。

右边是 Automation Studio 软件中变量声明的界面，操作简便，快捷。

在数组声明、赋值时，ST 语言的语法与 C 语言是完全一样的。我们来看看右边的例子就明白了。

Step3：ST 语言中的数组

ST 语言的数组声明： ST 语言的数组声明与 C 语言基本一样。

变量声明： 声明一个名字为 nTemp，INT 型，从 0 ~ 9 共 10 元素的数组。

数组元素的赋值：

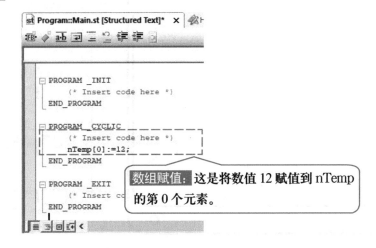

数组赋值： 这是将数值 12 赋值到 nTemp 的第 0 个元素。

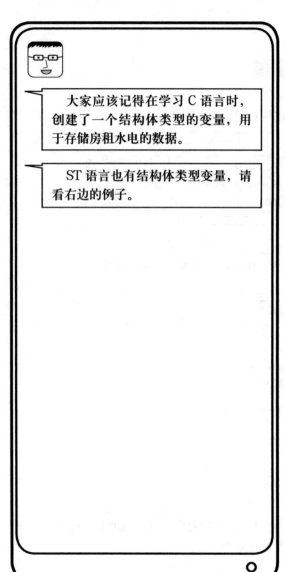

大家应该记得在学习 C 语言时，创建了一个结构体类型的变量，用于存储房租水电的数据。

ST 语言也有结构体类型变量，请看右边的例子。

Step4：ST 语言中创建结构体类型变量

ST 语言的结构体类型变量创建：

结构体类型变量的创建：名字叫作 RoomFee，包括了 sName、rWater、rElectric、rRent 和 rTotal 5 个成员。

结构体类型变量的声明：

结构体类型变量的声明：这里声明了一个名字为 Room01 的 RoomFee 类型结构体。

ST 语言与 RAPID 语言基本是一样的。主要因为它们的控制对象都是工业自动化智能制造设备。

右边介绍了条件与循环结构中，做条件判断时要用到的运算符。

Step5：ST 语言的运算符

ST 语言运算符说明：

ST 语言与 RAPID 的运算符几乎是一模一样的。

运算符	RAPID 语言	ST 语言	ST 示例
赋值	:=	:=	Num:=2233
加	+	+	c:=a+b
减	−	−	c:=a−b
乘	*	*	c:=a*b
除	/	/	c:=a/b
等于	=	=	c=a
大于	>	>	A>B
小于	<	<	A<B
大于等于	>=	>=	A>=B
小于等于	>=	>=	A<=B
不等于	<>	<>	A<>B
与	AND	AND	S AND Y
或	OR	OR	S OR Y
异或	XOR	XOR	S XOR Y
非	NOT	NOT	NOT S

顺序结构，按照解决问题的步骤一步步地将程序语句写下来，然后顺序执行。只要掌握了这个规律，编程不再难。ST 语言的程序结构及顺序结构的具体说明见右所示。

Step6：ST 语言的程序结构跟 C 语言一样吗

ST 语言的程序结构：

之前学过的 C 语言、RAPID 语言和现在学的 ST 语言都属于面向过程的程序编程，所以程序结构都是三种：顺序结构、条件结构和循环结构。

ST 语言的顺序结构

与 C 语言的顺序结构一样，ST 语言的程序按从上到下顺序执行。

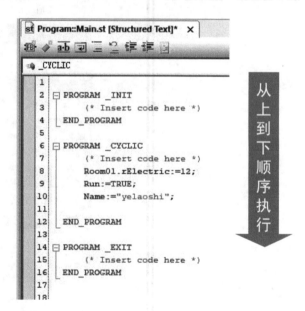

同一个意思的表达，ST 语言用了一点点与 C 语言不一样的语法。如右所示。通过对比，大家要记住差异，在使用时做一些适应就好了。

ST 语言跟 C 语言条件结构的语句对比

ST 语言与 C 语言的条件结构对比：

条件结构的思想基本一致，语法表达有一点差异。

条件语句	C 语言	ST 语言

IF 条件语句	if（条件 1）
	{
	 语句 1；
	}
	else if（条件 2）
	{
	 语句 2；
	}
	else
	{
	 语句 3；
	}
		IF（条件 1）THEN
		 语句 1；
		ELSEIF（条件 2）THEN
		 语句 2；
		ELSE
		 语句 3；
		END_IF；

判断选择语句	switch（条件）
	{
	 case 1：
	  语句 1；
	  break；
	 case 2：
	  语句 2；
	  break；
	}
		CASE（条件）OF
		 1：
		  语句 1；
		 2：
		  语句 2；
		ELSE
		 语句 3；
		END_CASE；

163

在讲 ST 语言的循环结构之前，先补充一点 C 语言的知识。就是 do…while 循环与 while 的区别是：

1) while 是先判断条件再循环。

2) do…while 是先循环再判断。

ST 语言与 C 语言的循环结构对比见右所示。

ST 语言跟 C 语言循环结构的语句对比

ST 语言与 C 语言的循环结构对比：

循环结构的思想基本一致，语法表达有一点差异，与 RAPID 语言的语法更像。

循环语句	C 语言	ST 语言

FOR 循环语句	for(循环读数 ；结束条件 ；计数增量)
	{
	　语句；
	}
		FOR 循环读数 TO 结束条件 BY 计数增量 DO
		　语句；
		END_FOR

WHILE 循环语句	while(条件)
	{
	　语句；
	}
		WHILE(条件)DO
		　语句；
		END_WHILE

do…while 循环语句	do { 　语句； }while(条件)；	REPEAT 　语句； UNTIL 条件 END_REPEAT；

使用 ST 语言编程，在 ABB 贝加莱 X20PCC 中会提供一个程序结构模板。在编程时，在这个模板的基础上进行程序的编写。

ST 语言的程序结构

ST 语言标准程序结构：

在贝加莱 X20PCC 中，用 ST 语言编程会提供一个标准的程序结构模板。

程序示范：

```
PROGRAM _INIT    (* 初始化程序 *)
        Cylinder_L:=0; (* 左侧气缸回退 *)
        Cylinder_R:=0; (* 右侧气缸回退 *)
END_PROGRAM

PROGRAM _CYCLIC(* 运行程序 *)
        Cylinder_L:=1; (* 左侧气缸伸出 *)
        Cylinder_R:=1; (* 右侧气缸伸出 *)
        Lamp_Red:=1;  (* 红色信号灯点亮 *)
END_PROGRAM

PROGRAM _EXIT    (* 结束时运行程序 *)
        Lamp_Red:=0;  (* 红色信号灯熄灭 *)
END_PROGRAM
```

划重点

● ST 语言进行程序行备注时，用的格式为：(* 备注 *)。

使用贝加莱 X20PCC 时，在 ST 程序模块里，可以用 ACTION 指令将一段相关的语句集合在一起，以便于管理。其调用的方法和调用子程序是一样的。ST 语言的子程序说明及示例见右所示。

Step7：ST 语言的子程序

ST 语言的子程序：

在贝加莱 X20PCC 中，ST 语言编程为了更好地管理与归类语句，使得程序更易于阅读与修改，也有子程序，叫作 ACTION。

程序示范：

```
PROGRAM _INIT      (* 初始化程序 *)
       (* Insert code here *)
       Cylinder_L:=0; (* 左侧气缸回退 *)
       Cylinder_R:=0; (* 右侧气缸回退 *)
END_PROGRAM

PROGRAM _CYCLIC(* 运行程序 *)
       (* Insert code here *)
       Cylinder;      (* 气缸动作的集合 *)
       Lamp_Red:=1;  (* 红色信号灯点亮 *)
       ACTION Cylinder:  (* 气缸动作的集合 *)
           Cylinder_L:=1; (* 左侧气缸伸出 *)
           Cylinder_R:=1; (* 右侧气缸伸出 *)
       END_ACTION
END_PROGRAM

PROGRAM _EXIT      (* 结束时运行程序 *)
       (* Insert code here *)
       Lamp_Red:=0;  (* 红色信号灯熄灭 *)
END_PROGRAM
```

万变不离其宗，作为都是面向过程的编程语言，ST 语言继承了 C 语言关于函数的特性，并在其基础之上增加了一些新的特性，比如多个返回值。

右边图示是一个真实的例子，通过两个温度传感器检测到数据，求它们的平均值，并做成功能块，以便于以后重复使用。

Step8：C 语言的函数就是 ST 语言的功能块

ST 语言的功能块：

C 语言中的函数对应 ST 语言的功能和功能块。这里重点说说功能块（Function Block）的创建和应用流程，具体如下所示。

1. 声明功能块：声明功能块的输入／输出的接口变量。
temp1：温度 1 输入
temp2：温度 2 输入
temp_result：温度结果输出

2. 编写功能块里的功能：在功能块里，实现的是将两个温度值相加，然后求它们的平均值。

3. 声明变量：声明编程时，要用到的变量：
T1：温度 1
T2：温度 2
AVG：功能块的声明
RESULT：温度平均值

4. 应用功能块：声明调用功能块，实现温度平均值计算。

在最短的时间里，我相信大家已经对 ST 语言有了一个全面和基础的认识了。

通过这一课的学习，不仅快速学习了 ST 语言的知识，而且更重要的是，掌握了一个流程，可用于学习新的面向对象编程语言。

这个流程，一共是 9 个问题，当要学习一门新的编程语言时，就可以用这个流程来帮助你。

快速上手新面向对象编程语言的流程

数据方面

1. 有哪些变量类型?
2. 变量是如何声明的?
3. 数组是如何构建的?
4. 结构体变量是如何构建的?

5. 程序里的运算符号有哪些?
6. 程序的顺序结构是怎么样的?
7. 程序的条件和循环结构是怎么样的?
8. 主程序与子程序是怎么样的?
9. 函数是怎么创建与使用的?

程序方面

今天学习的内容难度不大，但也要做一些练习题来加强一下印象。

你要做的事情：

1. 请简述快速上手新面向对象编程语言的流程。

2. ST 语言中子程序的标识符是什么?

3. 请简述 ST 语言中功能块的创建与应用的流程是什么?

附录

C 语言知识点

函数 printf() 的使用

1. 输出纯文本

将纯文本输出。

函数 printf() 的输出纯文本示范：

```
printf("hello");
```

2. 输出变量内容

将变量内容进行输出。

函数 printf() 的输出变量内容示范：

```
int a=9;// 声明一个整数型变量 a 并赋值为 9
printf("%d",a);// 将 a 的内容交给格式字符输出
//% 是固定格式
//*****************
// 以下格式字符根据变量的格式对应
//c 是对应字符型
//d 是对应十进制整数
//f 是对应浮点型
//s 是对应字符串
```

3. 输出多个变量与纯文本内容

将多个变量内容进行输出。

函数 printf() 的输出多个变量内容示范：

```
int a = 9;
float b = 3.14;
char c = 'e';
printf(" 整数型 %d 浮点型 %f 字符型 %c",a,b,c);
```

4. 输出换行

输出时实现换行的效果。

函数 printf() 的输出换行示范：

```
int a = 9;
int b = 10;
printf("%d\n",a);
printf("%d\n",b);
// 格式字符 \n 是用于换行的
```

5. 输出自定义函数的返回值

直接将自定义函数嵌入 printf() 函数中，将返回值作为输出。

函数 printf() 的输出自定义函数返回值示范：

```
int Addition(int a, int b)
{
    return a + b;
}
int main()
{
    printf("%d\n",Addition(2,4));
    // 自定义函数嵌入 printf() 函数，输出返回值
    system("pause");
    return 0;
}
```

6. 何时要使用 printf_s()

printf 和 printf_s 的区别是 printf 只会检查格式字符串是否为空，而 printf_s 还会检查用户自定义的格式字符串是否合法。

函数 printf_s() 的示范：

```
printf(" 租户名字：%s\n",Room[a].cName);
// 字符型数组变量的显示，最好使用 printf_s() 函数
```

C 语言（C99 标准）的保留字

保留字列表：					
char	short	int	unsigned	long	float
double	struct	union	void	enum	signed
const	volatile	typedef	auto	register	static
extern	break	case	continue	default	do
else	for	goto	if	return	switch
while	sizeof	inline	restrict		

保留字的意思是在编程时，给变量、自定义函数、结构体类型变量命名时，不能使用保留字。新版本的 C 语言可能会删减，请留意。

172